KATHARINA SCHLOMANN

MAXIMILIAN WAGNER

Einflussfaktoren auf die Glaubwürdigkeit von Electronic Word-of-Mouth

FGM-Verlag

Verlag der FGM Fördergesellschaft Marketing e. V.

an der Ludwig-Maximilians-Universität München

Arbeitspapier zur Schriftenreihe SCHWERPUNKT MARKETING Band 210

Herausgeber: Univ.-Prof. Dr. Paul W. Meyer †/Univ.-Prof. Dr. Anton Meyer

Schlomann, Katharina; Wagner, Maximilian
Einflussfaktoren auf die Glaubwürdigkeit von Electronic Word-of-Mouth
FGM-Verl., Verl. der Fördergesellschaft Marketing e.V., 2015
(Arbeitspapier zur Schriftenreihe Schwerpunkt Marketing; Bd. 210)
ISBN 978-3-945496-05-3

FGM Fördergesellschaft Marketing e.V. an der LMU München, Ludwigstr. 28 RG, 80539 München, www.marketingworld.de, Telefon 089/2180-2448, Telefax 089/2180-3322

Druck: Books on Demand GmbH, Norderstedt

ISBN 978-3-945496-05-3

Inhaltsverzeichnis

Abbildungsverzeichnis

Anhangsverzeichnis

Abkürzungsverzeichnis

Abb.	Abbildung
EWoM	Electronic Word-of-Mouth
WoM	Word-of-Mouth
WOMMA	Word of Mouth Association

1. Relevanz und Zielsetzung der Arbeit

1.1 Relevanz von Glaubwürdigkeit bei Electronic Word-of-Mouth

„Das Internet ist nur ein Hype.“[1] Von Bill Gates 1993 noch für eine vorübergehende Erscheinung gehalten, wird das Internet mittlerweile von rund 2,7 Milliarden Menschen weltweit genutzt.[2] Mit der Durchsetzung des Web 2.0 hat sich das Internet in den letzten Jahren von einer reinen Informationsquelle zu einem *„interaktiven Mitmachmedium“*[3] weiterentwickelt. Leitgedanke ist hierbei die Möglichkeit für die Internetnutzer, sich zu präsentieren und miteinander in Interaktion zu treten.[4] Anstatt passiv Informationen zu konsumieren, können Nutzer nun bspw. über Blogs, soziale Netzwerke oder E-Commerce-Plattformen aktiv Beiträge produzieren und miteinander kommunizieren.[5] Der Austausch von Informationen zwischen Konsumenten über das Internet wird auch als Electronic Word-of-Mouth (EWoM) bezeichnet.[6] EWoM ermöglicht es Konsumenten, sich im Vorfeld einer möglichen Kaufentscheidung basierend auf den Erfahrungen anderer Verbraucher über Produkte und Dienstleistungen zu informieren.[7] Online-Bewertungen anderer Konsumenten werden sogar häufiger zur Informationssuche genutzt als Testberichte, Preisvergleichsseiten oder die Internetseite der Anbieter selbst.[8]

Da Konsumenten zumeist über eine nicht ausreichende Informationsbasis verfügen, um den Wahrheitsgehalt von Online-Empfehlungen zu beurteilen, wird zur Meinungsbildung stattdessen die Glaubwürdigkeit der Information und des Informationsgebers beurteilt. Während in der Offline-Welt Prüfkriterien wie z.B. vorangegangene Erfahrungen oder Menschenkenntnis zur Glaubwürdigkeitsbeurteilung genutzt werden, lassen sich diese im Internet nicht zwangsläufig anwenden.[9] Bedingt durch die anonyme Beschaffenheit des Internets sowie durch ein quantitativ ansteigendes Informationsangebot[10] wird es für Konsumenten zunehmend schwieriger, die Glaubwürdigkeit von EWoM-Botschaften zu beurteilen.[11] Trotz der Anonymität in der EWoM-Kommunikation werden Online-Bewertungen

[1] Spiegel (2012), S.1.
[2] Vgl. Stern (2014), S.1.
[3] Kilian & Langner (2010), S.133.
[4] Vgl. Walsh et al. (2011), S.3.
[5] Vgl. Ferguson (2008), S.180.
[6] Vgl. Hennig-Thurau et al. (2004), S.39.
[7] Vgl. Dellarocas (2006), S.1577.
[8] Vgl. Allensbach (2011), S.1.
[9] Vgl. Nawratil (2006), S.11f.
[10] Vgl. Lis & Korchmar (2012), S.2.
[11] Vgl. Reichelt (2013), S.84.

von Konsumenten als äußerst glaubwürdig eingeschätzt. Einer aktuellen Nielsen-Studie zufolge vertrauen Verbraucher Online-Empfehlungen mehr als unternehmensgetriebenen Kommunikationsmaßnahmen.[12] Dass Glaubwürdigkeit speziell im EWoM-Kontext eine zentrale Rolle spielt,[13] zeigt auch der Fall des Reiseportals tripadvisor.com. Dieses muss seit 2012 von seinem Werbeslogan Abstand nehmen, *der „honest [reviews] and from real travellers"*[14] versprach. Nach Ansicht der britischen Werbeaufsichtsbehörde könne die Authentizität der Rezensionen nicht gewährleistet werden. Der Slogan sei daher irreführend und Konsumenten seien in ihrer Glaubwürdigkeitsbeurteilung beeinflusst.[15] Auch in der wissenschaftlichen Literatur wird dem Glaubwürdigkeitsaspekt der EWoM-Forschung zunehmend Aufmerksamkeit geschenkt (vgl. Abb. 1).

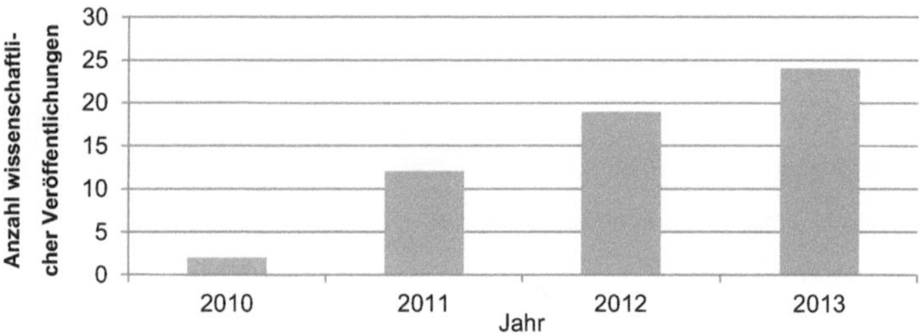

Abbildung 1: Fachartikel zur Glaubwürdigkeit von EWoM von 2010 bis 2013[16]

1.2 Zielsetzung und Aufbau der Arbeit

Ziel der vorliegenden Arbeit ist zum einen eine Darstellung des aktuellen Forschungsstands zu dem Begriff der Glaubwürdigkeit sowie zur Kommunikationsform des EWoM. Zudem soll basierend auf vorhandener Literatur ein Modell entwickelt werden, welches die Einflussfaktoren auf die Glaubwürdigkeit von EWoM aufzeigt. Somit soll Aufschluss darüber gegeben werden, nach welchen Faktoren eine EWoM-Botschaft vom Empfänger als glaubwürdig beurteilt wird. Auch wenn die Glaubwürdigkeit von EWoM in den letzten Jahren vermehrt thematisiert wurde, bleibt ein umfassender Überblick über deren Determinanten bislang aus.[17]

---

[12] Vgl. Nielsen (2013), S.1.
[13] Vgl. Lis & Korchmar (2012), S.2f.
[14] Guardian (2012), S.1.
[15] Vgl. Mayzlin et al. (2012), S.2.
[16] Eigene Darstellung in Anlehnung an Reuters (2014), S.1. Einbezogen wurden alle Artikel in der Web of Science Datenbank, die sowohl einen der Termini 'electronic word-of-mouth', 'internet word-of-mouth', 'online word-of-mouth', 'word of mouse', 'eWoM' als auch einen der Begriffe 'credibility', 'believability','trustworthiness' als Gegenstand hatten.
[17] Vgl. Lis & Korchmar (2012), S.3.

Die vorliegende Arbeit ist folgendermaßen aufgebaut: Zunächst wird in der theoretischen Fundierung in Kapitel 0 der aktuelle Forschungsstand zum Begriff der Glaubwürdigkeit und zu EWoM behandelt. Im anschließenden Kapitel 3 wird ein Modell des Kommunikationsprozesses von EWoM entwickelt. Auf dieses wird in Kapitel 4 Bezug genommen, indem ausschlaggebende Einflussfaktoren auf die Glaubwürdigkeitsbeurteilung des Rezipienten ermittelt werden. Die Arbeit schließt mit einem Fazit sowie einem Forschungsausblick ab.

2. Theoretischer Rahmen

Als Basis dieser Arbeit werden in Kapitel 0 zunächst das Konstrukt der Glaubwürdigkeit und die Kommunikationsform des EWoM thematisiert. Bevor Glaubwürdigkeit empirisch und theoretisch definiert und von verwandten Begriffen abgegrenzt wird, sollen zunächst die Voraussetzungen erläutert werden, unter welchen Umständen der Aspekt der Glaubwürdigkeit relevant wird. Im Rahmen der Glaubwürdigkeitsbeurteilung wird zudem untersucht, welche Faktoren einen Einfluss auf die Glaubwürdigkeitsbeurteilung haben. Anschließend wird in Kapitel 0.2 auf EWoM eingegangen. Da EWoM zumeist als Weiterentwicklung des klassischen WoM gesehen wird,[18] erfolgt zunächst eine kurze Einführung des klassischen WoM. Anschließend wird EWoM anhand seiner Definitionen und Charakteristika untersucht. Im letzten Abschnitt soll konkret auf die Bedeutung der Glaubwürdigkeit im Rahmen von EWoM eingegangen werden.

2.1 Konzeptionelle Grundlagen zur Glaubwürdigkeit

2.1.1 Voraussetzungen für Glaubwürdigkeit

Der Kategorisierung von Eisend (2003) folgend sind die drei Faktoren, Kommunikation, Relevanz und Unsicherheit[19] Voraussetzungen dafür, dass der Aspekt der Glaubwürdigkeit einer Information Bedeutung erlangt.

Die Frage hinsichtlich der Glaubwürdigkeit einer Information spielt grundsätzlich immer dann eine Rolle, wenn zu Sachverhalten *„kein unmittelbarer Zugang“*[20] existiert. Der Rezipient wird in diesem Fall mit Informationen konfrontiert, die für ihn selbst nicht direkt erfahrbar und mit eigener Wahrnehmung beurteilbar sind.[21] Der Glaubwürdigkeitsaspekt wird dann bedeutsam, wenn einem Rezipienten

[18] Vgl. Munzel (2013), S.16.
[19] Vgl. Eisend (2003), S.7.
[20] Eisend (2003), S.8.
[21] Vgl. Küster-Rohde (2010), S.7.

stattdessen Informationen von Dritten übermittelt werden. Daher beziehen sich Glaubwürdigkeitsbeurteilungen immer auf eine **Kommunikation** zwischen einem Sender und einem Empfänger,[22] sodass Glaubwürdigkeit auch als ein Kommunikationsphänomen bezeichnet wird.[23]

Da der Empfänger die übermittelten Informationen nicht überprüfen kann, besteht die Möglichkeit, dass der wiedergegebene Sachverhalt nicht den Tatsachen entspricht. Daher besteht beim Empfänger eine **Unsicherheit** hinsichtlich des Wahrheitsgehalts der Information. Individuen versuchen, den Unsicherheitsfaktor möglichst gering zu halten, da Entscheidungssituationen sonst zusätzlich an Komplexität gewinnen.[24] Glaubwürdigkeit wird insofern als *„Informationssurrogat“*[25] gesehen, bei dem bei fehlendem Wissen oder fehlenden Beweisen Annahmen getroffen werden, die bezüglich des Wahrheitsgehalts einer Aussage Gewähr leisten sollen.[26]

Zuletzt muss eine Information **relevant** für den Empfänger sein, damit er diese bezüglich ihrer Glaubwürdigkeit beurteilt. Eine Information ist relevant, sofern diese Einfluss auf Entscheidungen und Handlungen des Empfängers hat.[27] Köhnken (1990) hält dazu fest: *„Immer dann, wenn Informationen entscheidungs- oder handlungsrelevant werden, die uns nicht aus eigener Wahrnehmung bekannt sind, stellt sich prinzipiell die Frage nach deren Glaubwürdigkeit.“*[28] Nachdem mit Kommunikation, Unsicherheit und Relevanz die grundlegenden Voraussetzungen für die Glaubwürdigkeit kurz dargestellt wurden, wird diese im Folgenden anhand seiner verschiedenen Begriffsdefinitionen näher betrachtet.

2.1.2 Definition von Glaubwürdigkeit

2.1.2.1 Glaubwürdigkeit aus empirischer Perspektive

In der empirischen Forschung wird Glaubwürdigkeit als ein mehrdimensionales Konstrukt aufgefasst, dessen Dimensionen den Begriff der Glaubwürdigkeit festlegen.[29] Diese Betrachtungsweise entwickelte sich vor allem in den 1960er und

[22] Vgl. Eisend (2006), S.2
[23] Vgl. Köhnken (1990), S.149
[24] Vgl. Ripperger (2003), S.18
[25] Eisend (2003), S.36
[26] Vgl. Lis & Korchmar (2012), S.24
[27] Vgl. Küster-Rohde (2010), S.7
[28] Köhnken (1990) S.1
[29] Vgl. Eisend (2003), S.37f.

1970er Jahren, als mittels Faktorenanalysen die Mehrdimensionalität der Glaubwürdigkeit erforscht wurde.[30] Die empirische Glaubwürdigkeitsbetrachtung wurde maßgeblich geprägt durch die sogenannten Yale-Studien durch Hovland et al. (1953), die Glaubwürdigkeit gemäß ihrer Source-Credibility-Theorie als zweidimensionales Gebilde definieren.[31] Danach besteht Glaubwürdigkeit, im Englischen als ‚credibility' bezeichnet, aus den beiden Komponenten Vertrauenswürdigkeit[32] und Kompetenz der Quelle der Information.[33]

Kompetenz wird in diesem Zusammenhang bezeichnet als die vom Rezipienten zugeschriebene Fähigkeit des Kommunikators, valide Aussagen zu treffen.[34] Ohanian (1990) sieht Kompetenz analog als *„the extent to which a person is perceived to possess knowledge, skills or experience and thereby is considered to provide accurate information"*[35]. Weitere Definitionen beziehen sich ebenfalls auf die subjektive Einschätzung des Wissens und der Fähigkeiten des Kommunikators.[36] Dabei gründet sich Kompetenz auf das Ausmaß an Fachwissen sowie auf Aspekte wie *„Qualifikation, Erfahrung, Leistungen oder Intelligenz sowie im Innehaben von Führungspositionen"*[37].

Die bereits erwähnte, zweite Dimension der Glaubwürdigkeit ist nach Hovland et al. (1953) die Vertrauenswürdigkeit. Diese bezeichnet er als die rezipienten-seitige Zuversicht, dass der Kommunikator wahrheitsgemäße Informationen mitteilt.[38] Vertrauenswürdigkeit besteht demzufolge dann, wenn der Rezipient annimmt, dass die vom Kommunikator vermittelte Botschaft seinem tatsächlichen Wissen entspricht.[39] Der Definition von Deutsch (1958) folgend kann ein Kommunikator als vertrauenswürdig bezeichnet werden, sofern sein Gegenüber annimmt, dass er ihn vor unangenehmen Ereignissen bewahren möchte sowie über

---

[30] Vgl. Wirth (1999), S.49.
[31] Vgl. Hovland et al. (1953), S.21ff.
[32] Vertrauenswürdigkeit wird auch bezeichnet als ‚trustworthiness', ‚character' oder ‚personal integrity' (Vgl. Eisend, 2006, S.3).
[33] Für Kompetenz werden im Englischen auch die Begriffe ‚competence', ‚expertise', ‚expertness', ‚knowledge ability', ‚qualification' und ‚smart dimension' verwendet (Vgl. Eisend, 2006, S.3).
[34] Vgl. Hovland et al. (1953), S.21.
[35] Ohanian (1990), S.44.
[36] Vgl. Wirth (1999), S.50; Stäudel (1987), S.54.
[37] Nawratil (2006), S.130.
[38] Vgl. Hovland et al. (1953), S.21.
[39] Vgl. Praxmarer (2001), S.28.

einen Handlungsspielraum verfügt, der den tatsächlichen Eintritt dieser unangenehmen Ereignisse umfasst.[40] Vertrauenswürdigkeit wird zudem im Zusammenhang mit fehlendem Eigeninteresse des Kommunikators beschrieben.[41]

Anhand von Faktorenanalysen wurde neben Kompetenz und Vertrauenswürdigkeit eine Vielzahl weiterer Eigenschaften der Informationsquelle abgeleitet, die die Glaubwürdigkeit stark beeinflussen. So wird z.B. oftmals die Attraktivität des Kommunikators genannt.[42] Entscheidend ist hierbei die Ähnlichkeit bzw. soziale Homophilie zwischen Sender und Empfänger.[43] Eisend (2003) ermittelte nach Zusammenfassung aller entsprechenden Untersuchungen 49 verschiedene Dimensionen bzw. Einflussfaktoren.[44] Hinsichtlich der Frage, welche Faktoren in welchem Ausmaße auf die Glaubwürdigkeit einwirken, weichen die Ansichten voneinander ab.[45] Konsens besteht jedoch in Bezug auf die beiden Dimensionen Kompetenz und Vertrauenswürdigkeit. Diese werden weitgehend übereinstimmend als die wesentlichen Komponenten der Glaubwürdigkeit gesehen[46] und können damit als Hauptdimensionen bezeichnet werden.[47]

Hinsichtlich der Verbindung beider Begriffe sieht Praxmarer (2001) einen *„Zusammenhang in der Form eines moderierenden Effektes“*[48]: Eine Komponente kann nur dann wirken, wenn die andere zumindest zu einem bestimmten Ausmaß gegeben ist. Die Aussage einer Person, welche zwar als sehr vertrauenswürdig gilt, jedoch keinerlei Sachkenntnisse vorweisen kann, wird als wenig glaubwürdig eingeschätzt.[49] Folglich sind für das Bestehen von Glaubwürdigkeit sowohl Kompetenz als auch Vertrauenswürdigkeit notwendig und können sich nicht gegenseitig kompensieren.[50] Neben dieser empirischen Sichtweise, bei der Glaubwürdigkeit anhand seiner Dimensionen bestimmt wird, wird der Begriff zudem aus theoretischer Perspektive untersucht.

---

[40] Vgl. Deutsch (1958), S.266ff.
[41] Vgl. Wiener & Mowen (1986), S.307.
[42] Vgl. Lis (2013), S.130.
[43] Vgl. Wangenheim & Bayon (2004), S.1175.
[44] Vgl. Eisend (2003), S.60. Für eine Zusammenfassung aller untersuchten Dimensionen vgl. Anhang A.
[45] Vgl. Eisend (2006), S.5f.
[46] Vgl. Küster-Rohde (2010), S.10.
[47] Vgl. Eisend (2003), S.37.
[48] Praxmarer (2001), S.29.
[49] Vgl. Praxmarer (2001), S.28.
[50] Vgl. Küster-Rohde (2010), S.9.

2.1.2.2 Glaubwürdigkeit aus theoretischer Perspektive

Auf theoretischer Ebene wird in der Wissenschaft zwischen zwei Definitionsperspektiven unterschieden: der kommunikatorzentrierten Sichtweise sowie der rezipientenzentrierten Sichtweise. Die kommunikatorzentrierte Sichtweise sieht Glaubwürdigkeit als eine inhärente Eigenschaft des Botschaftsenders, welche dann auf die übermittelte Botschaft selbst übertragen werden kann.[51] So sieht Köhnken (1990) Glaubwürdigkeit dann als gegeben an, *„wenn ein Kommunikator an einen Rezipienten eine Information vermittelt, von der er glaubt, dass sie zutreffend ist, wenn also der Kommunikator keine Täuschungsabsicht hat.“*[52] Glaubwürdigkeit ist nach dieser Sichtweise gebunden an den Kommunikator und dessen Intention, wahre Aussagen zu treffen.[53] Ferner bezieht sich Glaubwürdigkeit hier nicht auf die tatsächliche Korrektheit der Aussage, sondern vielmehr auf den Wahrheitsvorsatz des Kommunikators. Somit kann ein Kommunikator auch dann glaubwürdig wirken, wenn er irrtümlich, d.h. ohne Absicht, unkorrekte Informationen weitergibt.[53]

Die zweite, deutlich weiter verbreitete Perspektive ist die rezipientenzentrierte Sichtweise[54], welche als erstes von Berlo et al. (1969) ausdrücklich formuliert wurde.[55] Die rezipientenzentrierte Sichtweise sieht Glaubwürdigkeit als eine Eigenschaft, die dem Sender vom Rezipienten zugeschrieben wird und damit von dessen Wahrnehmung abhängt.[54] Bentele (1988) bezeichnet Glaubwürdigkeit in diesem Sinne *„als eine Eigenschaft, die Menschen, Institutionen oder deren kommunikativen Produkten [...] zugeschrieben wird“*[56]. Aus dieser Definition lässt sich außerdem folgern, dass sich der Begriff der Glaubwürdigkeit sowohl auf Personen bzw. Organisationen als auch auf deren Botschaften beziehen kann.[57] Die Definition von Tseng & Fogg (1999) stimmt mit dieser Annahme überein: Glaubwürdigkeit wird hier bezeichnet als *„perceived quality [...] [that] doesn't reside in an object, a person, or a piece of information“*[58]. Den Definitionen von Bentele (1988) und Tseng & Fogg (1999) folgend ist ferner, wie auch bei der kommunikatorzentrierten Sichtweise, nicht die tatsächliche Wahrheit einer Mitteilung ent-

---

[51] Vgl. Nawratil (2006), S.18.
[52] Köhnken (1990), S.4
[53] Vgl. Eisend (2003), S.39
[54] Vgl. Küster-Rohde (2010), S.10
[55] Vgl. Berlo et al. (1969), S.563f.
[56] Bentele (1988), S.408
[57] Vgl. Eisend (2003), S.39
[58] Tseng & Fogg (1999), S.40

scheidend für deren Glaubwürdigkeit. Maßgeblich ist bei der rezipientenzentrierten Sichtweise die Wahrnehmung des Rezipienten und nicht die Intention des Kommunikators.[59]

Beide Sichtweisen stimmen jedoch darin überein, dass sie der formalen Definition von Bentele (1988) *„die Aussagen x1-n über die Ereignisse z1-n sind wahr“*[60] zustimmen. Glaubwürdigkeit beruht folglich auf der Annahme, dass der Wahrheitsgehalt einer Aussage gesichert sein muss.[61]

Eine allgemeingültige Definition, welche sowohl die empirische als auch die theoretische Sichtweise einbezieht, formuliert Eisend (2003) wie folgt: *„Glaubwürdigkeit ist ein mehrdimensionales Konzept zur Beurteilung einer Kommunikationsquelle durch den Empfänger einer Information. Diese Beurteilung beruht auf subjektiver Wahrnehmung und ist kontextspezifisch. Glaubwürdigkeit substituiert fehlende objektive Beweise und stellt daher ein Informationssurrogat dar, das den Bereitschaftsgrad des Empfängers bestimmt, die von der Quelle erhaltene Information als Kognition in das Selbst zu übernehmen und ihr dabei einen bestimmten Gehalt hinsichtlich der Übereinstimmung mit der Realität zuzuschreiben“*[62]. Angesichts der umfassenden Darstellung von Glaubwürdigkeit in diesem Definitionsansatz dient dieser als Orientierung für die vorliegende Arbeit.

Nachdem der Begriff der Glaubwürdigkeit in den letzten Abschnitten aus verschiedenen Perspektiven betrachtet wurde, sollen zum weiteren begrifflichen Verständnis verwandte Konzepte diskutiert und von Glaubwürdigkeit abgegrenzt werden.

2.1.3 Abgrenzung zu verwandten Konstrukten

Betrachtet und abgegrenzt vom Konzept der Glaubwürdigkeit werden im Folgenden diejenigen Begriffe, die auch im Kontext von EWoM von Bedeutung sind. Aus diesem Grund werden hier die Begriffe Glaubhaftigkeit, Vertrauenswürdigkeit und Vertrauen definiert und deren Zusammenhang sowie relevante Unterschiede zur Glaubwürdigkeit erarbeitet.

Die Termini Glaubwürdigkeit und Glaubhaftigkeit werden sowohl im Sprachgebrauch als auch in der Literatur nicht präzise getrennt.[63] Glaubhaftigkeit bezieht

---

[59] Vgl. Nawratil (2006), S.18
[60] Bentele (1988), S.408
[61] Vgl. Lis & Korchmar (2012), S.22.
[62] Eisend (2003), S.64.
[63] Vgl. Köhnken (1990), S.5; Chao (1989), S.31.

sich darauf, dass ein Sachverhalt wahr zu sein scheint.[64] Im Englischen als *‚believability‘* bezeichnet, wird Glaubhaftigkeit von Hallahan (1999) definiert als *„the degree of skepticism or incredulity generated by the message"*[65]. In dieser Aussage lässt sich hinsichtlich des Bezugsobjekts ein Unterschied zu Glaubwürdigkeit erkennen. Wie in Abschnitt 0.1.2.2 thematisiert, kann sich Glaubwürdigkeit sowohl auf eine Person als auch auf deren Botschaft beziehen.[66] Dagegen bezieht sich der Begriff der Glaubhaftigkeit lediglich auf Informationen oder Aussagen der Quelle[67] und insofern auf *„nichtmenschliche Objekte (z.B. die Werbeaussage)"*[68]. Darüber hinaus unterscheiden sich beide Termini hinsichtlich ihrer Dimensionen. Während Glaubwürdigkeit in der Literatur als ein mehrdimensionales Konstrukt mit den Hauptdimensionen Kompetenz und Vertrauenswürdigkeit beschrieben wird,[69] ist Glaubhaftigkeit durch Eindimensionalität gekennzeichnet.[70] Obwohl sich beide Begriffe sehr ähnlich sind und sich teilweise überschneiden, kann anhand der genannten Charakteristika zwischen Glaubwürdigkeit und Glaubhaftigkeit differenziert werden. Basierend auf dieser Merkmalsunterscheidung wird Glaubhaftigkeit dem Konstrukt der Glaubwürdigkeit zumeist untergeordnet.[71]

Der Begriff der Vertrauenswürdigkeit wurde bereits in Abschnitt 0.1.2.1 behandelt. Der frühen Definition von Hovland et al. (1953) folgend wird Vertrauenswürdigkeit als *„the degree of confidence in the communicator's intent to communicate the assertions he considers most valid"*[72] bezeichnet. Vertrauenswürdigkeit wird damit als die rezipientenseitige Zuversicht gesehen, dass der Kommunikator *„Informationen objektiv und unverfälscht"*[73] kommuniziert. Einige wenige Autoren machen keinen konzeptionellen Unterschied zwischen der Glaubwürdigkeit einer Quelle und ihrer Vertrauenswürdigkeit.[74] Im Wesentlichen wird dennoch der Ansicht von Hovland et al. (1953) gefolgt, die Vertrauenswürdigkeit als eine der beiden Hauptdimensionen von Glaubwürdigkeit ansehen.[75] So merken Tseng & Fogg (1999) an, dass *„the vast majority of researchers identify*

[64] Vgl. Küster-Rohde (2010), S.11.
[65] Hallahan (1999), S. 301.
[66] Vgl. Bentele (1988), S.408.
[67] Vgl. Beltramini & Evans (1985), S.20.
[68] Eisend (2003), S.46.
[69] Vgl. Hovland et al. (1953), S.21.
[70] Vgl. Nawratil (2006), S.241; Eisend (2003), S.46.
[71] Vgl. Eisend (2003), S.46.
[72] Hovland et al. (1953), S.21.
[73] Köhnken (1990), S.121.
[74] Vgl. Köhnken (1990), S.121.
[75] Vgl. Küster-Rohde (2010), S.10; Eisend (2003), S.37; Praxmarer (2001), S.28; Nawratil (1999), S.18.

trustworthiness and expertise as the two key components of credibility"[76]. Glaubwürdigkeit gilt somit als der übergeordnete Begriff und umfasst die konstitutiven Elemente Kompetenz und Vertrauenswürdigkeit.[77]

Hinsichtlich verwandter Konzepte von Glaubwürdigkeit wird in der Literatur vor allem der Begriff des Vertrauens umfangreich thematisiert.[78] Vertrauen entspricht der Definition von Wiswede (2012) folgend *der „generalisierten Erwartung eines Individuums oder einer Gruppe, dass man sich auf das Wort, das Versprechen, die verbalen oder geschriebenen Aussagen anderer Individuen oder Gruppen verlassen kann"*[79]. Konzeptionell beruhen Glaubwürdigkeit und Vertrauen auf einer ähnlichen Wirkungsweise. Bei beiden Begriffen wird fehlendes Wissen über einen Sachverhalt durch Annahmen ersetzt, um Unsicherheit und Komplexität zu reduzieren.[80]

Dennoch gibt es Kriterien, anhand derer sich Glaubwürdigkeit und Vertrauen voneinander abgrenzen lassen. Die Begriffe unterscheiden sich zum einen durch ihren unterschiedlichen Zeitbezug. Während sich Glaubwürdigkeit auf die Gegenwart bezieht, ist Vertrauen auf die Zukunft gerichtet,[81] was auch aus der Definition von Bentele & Seidenglanz (2008) hervorgeht.[80] Zum anderen unterscheiden sich beide Begriffe hinsichtlich ihrer Bezugsobjekte. Während sich Glaubwürdigkeit primär auf die Kommunikationsquelle und insofern auf einen Akteur und seine Ausführung bezieht, ist Vertrauen weiter gefasst.[82] Vertrauen kann laut Bentele (1998) auch *„technischen, instrumentalen und problemlösungsbezogenen Aspekten von Gegenständen (Autos), Institutionen (z.B. Arbeitslosenversicherung, Parteien), Umständen (z.B. Wetterlage) oder sozialen Strukturen (z.B. Demokratien) geschenkt werden"*[83]. Darüber hinaus wird Glaubwürdigkeit als ein zugeschriebenes Merkmal des einzelnen Kommunikationspartners gesehen. Vertrauen bezieht sich dagegen auf die Beziehung beider Partner und wird aufgefasst als *„attribute of a relationship between exchange partners"*[84].

---

[76] Tseng & Fogg (1999), S.40.
[77] Vgl. Eisend (2003), S.50.
[78] Vgl. Colquitt et al. (2007), S.909.
[79] Wiswede (2012), S. 296.
[80] Bentele & Seidenglanz (2008) bezeichnen Vertrauen daher als *„communicative complexity-reducing mechanism […] in which expectations of future events […] take on a key role"* (S.51)
[81] Vgl. Petermann (2012), S.14.
[82] Vgl. Eisend (2003), S.47.
[83] Bentele (1998), S.305.
[84] Barney & Hansen (1994), S.176.

Daher wird auch von Glaubwürdigkeit als Imagedimension und Vertrauen als Beziehungsdimension gesprochen.[85]

Die Beziehung beider Begriffe zueinander ist in der Literatur umstritten. Während diese teilweise synonym verwendet werden,[86] wird nach einer weiteren Darstellung Vertrauen mit Vertrauenswürdigkeit gleichgesetzt[87] und gilt damit als Dimension von Glaubwürdigkeit.[88] Gemäß einer weitverbreiteten Sichtweise, der auch in dieser Arbeit gefolgt werden soll, gilt Glaubwürdigkeit dagegen als eine Voraussetzung für Vertrauen.[89] Nach dieser Argumentation ist Vertrauen das *„wirkmächtigere“*[90] Konstrukt, denn *„um jemandem zu vertrauen, muss man ihm zumindest glauben können, umgekehrt ist das jedoch nicht unbedingt der Fall“*[91]. Um die Resultate der letzten Abschnitte zusammenzufassen, gibt die folgende Abbildung einen Überblick über die behandelten Konzepte Glaubwürdigkeit, Glaubhaftigkeit, Vertrauenswürdigkeit und Vertrauen (vgl. Abb. 2).

---

85 Vgl. Bentele (1998), S.306.
86 Vgl. Köhnken (2003), S.121.
87 Vgl. McKnight et al. (1998), S.478; Ohanian (1990), S.41.
88 Grundsätzlich werden jedoch Vertrauen und Vertrauenswürdigkeit insofern unterschieden, als dass Vertrauenswürdigkeit an den Kommunikator gebunden ist und dessen *„ability, benevolence and integrity.“* Dagegen betrifft Vertrauen die Beziehung zwischen Kommunikator und Rezipient und schließt folglich auch den Rezipienten ein und dessen Intention, dem Kommunikator zu vertrauen *„based on positive expectations of his or her actions.“* (Colquitt et al., 2007, S.909).
89 Vgl. Lorenz (2009), S.110; Loewenfeld (2006), S.222f.; Smith et al. (2005), S.19; Eisend (2003), S.48; Ganesan (1994), S.3.
90 Reinmuth (2009), S.131f.
91 Eisend (2003), S.48.

	Definition	Charakteristika	Bezug zu Glaubwürdigkeit
Glaubwürdigkeit	*„mehrdimensionales Konzept zur Beurteilung einer Kommunikationsquelle durch den Empfänger einer Information. Diese Beurteilung beruht auf subjektiver Wahrnehmung und ist kontextspezifisch. Glaubwürdigkeit substituiert fehlende objektive Beweise und stellt daher ein Informationssurrogat dar“* (Eisend, 2003, S.46)	• Voraussetzungen: Kommunikation, Relevanz, Unsicherheit • Informationssurrogat • Mehrdimensionales Konstrukt mit den Hauptdimensionen Kompetenz & Vertrauenswürdigkeit • Subjektive Zuschreibung an Kommunikator durch Rezipienten: Glaubwürdigkeit als Imagedimension • Bezugsobjekt: Kommunikationsquelle & Mitteilung	-
Glaubhaftigkeit	*„the degree of skepticism or incredulity generated by the message“* (Hallahan, 1999, S. 301)	• Verweist, inwieweit Sachverhalt wahr scheint • Bezugsobjekt: Aussage der Quelle • Eindimensionales Konstrukt	Glaubhaftigkeit als untergeordneter Begriff von Glaubwürdigkeit
Vertrauenswürdigkeit	*„the degree of confidence in the communicator's intent to communicate the assertions he considers most valid”* (Hovland et al., 1953, S.21)	• Zugeschriebene Absicht, dass Kommunikator wahrheitsgemäße Informationen weitergibt • Fehlendes Eigeninteresse d. Kommunikators	Vertrauenswürdigkeit als eine der Hauptdimensionen von Glaubwürdigkeit dieser untergeordnet
Vertrauen	*„generalisierte Erwartung eines Individuums oder einer Gruppe, dass man sich auf das Wort, das Versprechen, die verbalen oder geschriebenen Aussagen anderer Individuen oder Gruppen verlassen kann“* (Wiswede, 2007, S. 296f.)	• Unsicherheitsreduktion durch Annahmen • Zukunftsgerichtet • Bezugsobjekt: über Kommunikationsquelle und Mitteilung hinaus • Bezogen auf Beziehung zwischen Kommunikationspartnern: Vertrauen als Beziehungsdimension	Vertrauen als wirkmächtigeres Konstrukt; Glaubwürdigkeit als Voraussetzung für Vertrauen

Abbildung 2: Überblick über Definitionen und Charakteristika von Glaubwürdigkeit und verwandter Termini[92]

[92] Eigene Darstellung in Anlehnung an Lis & Korchmar (2012), S.20ff.; Wiswede (2012), S.296; Küster-Rohde (2010), S.7ff.; Reinmuth (2009), S.131; Nawratil (2006), S.18ff.; Eisend (2003), S.46ff.; Hallahan (1999), S. 301; Köhnken (1990), S.1ff.; Bentele (1988),

2.1.4 Rezipientenseitige Glaubwürdigkeitsbeurteilung

Ausgehend von den bisherigen Definitionsansätzen stellt sich die Frage, worauf sich ein entsprechendes Glaubwürdigkeitsurteil überhaupt gründet. So wird bei der Glaubwürdigkeitsbeurteilung untersucht, *„anhand welcher Faktoren die Rezipienten die Glaubwürdigkeit eines Bezugsobjektes festmachen“*[93]. Nach Köhnken (1990) kann zwischen drei unterschiedlichen Ansätzen unterschieden werden, anhand derer ein Forschungsgegenstand beleuchtet wird: der verhaltensorientierten, inhaltsorientierten sowie der quellen- und kontextorientierten Glaubwürdigkeitsbeurteilung.[94] Je nach Blickwinkel werden unterschiedliche Eigenschaften untersucht, die die Entstehung von Glaubwürdigkeitsurteilen beeinflussen.[95]

Die **verhaltensorientierte** Glaubwürdigkeitsbeurteilung untersucht das Verhalten des Kommunikators auf Hinweise darauf, wie wahre von falschen Aussagen unterschieden werden können.[96] Im Blickpunkt der Betrachtung stehen hier v.a. nonverbale (z.B. Mimik, Gestik) sowie extralinguistische (z.B. Sprechgeschwindigkeit, Stimmhöhe) Verhaltensweisen, mit denen Rezipienten Täuschungsversuche assoziieren.[97]

Ähnliche Absichten verfolgt die **inhaltsorientierte** bzw. forensische Glaubwürdigkeitsbeurteilung, die sich ebenfalls mit der Bewertung des Wahrheitsgrades einer Aussage beschäftigt.[98] Im Vordergrund stehen hier jedoch inhaltlich-logische Aspekte der Botschaft.[99] Dieser Ansatz wird im juristischen Kontext mit dem Ziel verfolgt, Zeugenaussagen zu beurteilen anhand von Merkmalen wie z.B. Detailreichtum oder Homogenität zu Aussagen anderer.[100] Mangels Relevanz werden beide Ansätze in der vorliegenden Arbeit nicht näher behandelt.[101]

Die **quellen- und kontextorientierte** Glaubwürdigkeitsbeurteilung stellt bezogen auf das Ausmaß an vorliegenden Arbeiten das umfangreichste Forschungsgebiet der Glaubwürdigkeitsforschung dar.[102] Hinterfragt wird hier primär, *„durch welche verhaltensunabhängigen Merkmale des Kommunikators, […] Rezipienten zu*

S.408; Berlo et al. (1969), S.563; Hovland et al. (1953), S.21.

93 Eisend (2003), S.92.

94 Vgl. Köhnken (1990), S.7.

95 Vgl. Nawratil (1999).S.15.

96 Vgl. Reinmuth (2009), S.134

97 Vgl. Kohring (2004), S.18.

98 Vgl. Köhnken (1990), S.7.

99 Vgl. Nawratil (2006), S.17.

100 Vgl. Eisend (2003), S.101.

101 Für einen detaillierten Überblick über die drei Forschungsperspektiven vgl. Anhang A.

102 Vgl. Lis & Korchmar (2012), S.25.

dem Eindruck gelangen, dass eine Information glaubwürdig ist"[103]. Maßgeblich für diese Forschungsperspektive sind die bereits erwähnten Yale-Studien von Hovland et al. (1953), in denen die Kompetenz und Vertrauenswürdigkeit des Kommunikators als zentrale Merkmale von Glaubwürdigkeit festgelegt wurden.[104] Dieser psychologisch orientierte Ansatz, der sich auf Personen bzw. Organisationen als Primärquellen von Aussagen fokussiert, wurde seit Ende der 1950er Jahre durch eine weitere, kommunikationsorientierte Richtung ergänzt.[105] Anlässlich des Aufkommens von Massenmedien geriet die Glaubwürdigkeit von Medien zunehmend in den Fokus. Medien nehmen dabei als sog. Sekundär- bzw. Vermittlungsquelle eine Sonderrolle ein.[106] Die Entwicklung des Internets führte dazu, dass in den letzten Jahren die Quellenglaubwürdigkeit des Mediums erneut verstärkt untersucht wurde.[107]

Neben den Merkmalen der Quelle kann für den Rezipienten auch der Kontext, in dem die Kommunikation erfolgt, wichtig zur Bildung seines Glaubwürdigkeitsurteils sein. Dieser wird in der Glaubwürdigkeitsforschung dahingehend untersucht, ob *„der Kontext, in dem die Äußerung angeblich erfolgte, eine objektive oder verzerrte Darstellung nahelegt"*[108]. Weiterhin wird im Rahmen der quellen- und kontextorientierten Glaubwürdigkeitsbeurteilung der Rezipient auf die Frage hin untersucht, ob und warum manche Personen durch Glaubwürdigkeit leichter zu beeinflussen sind als andere.[109] Zuletzt werden als Einflussgröße auf die Glaubwürdigkeit einer Aussage auch Merkmale der Mitteilung selbst untersucht. Dabei lässt sich unterscheiden zwischen stilistischen (z.B. Fachvokabular, neutraler Schreibstil), inhaltlichen (z.B. Qualität) und strukturellen Merkmalen (z.B. Valenz).[110]

Auf diese im Rahmen der quellen- und kontextorientierten Glaubwürdigkeitsbeurteilung untersuchten Komponenten wird in Kapitel 0 erneut Bezug genommen. Da dort ein Modell des EWoM-Kommunikationsprozesses entwickelt wird, soll im folgenden Kapitel zunächst eine Ausgangsbasis geschaffen und die WoM-Kommunikation an sich erörtert werden.

---

[103] Köhnken (1990), S.7.
[104] Vgl. Kohring (2004), S.19f.
[105] Vgl. Eisend (2003), S.103.
[106] Vgl. Nawratil (1999), S.44.
[107] Vgl. Kiousis (2001), S.381f.
[108] Köhnken (1990), S.121.
[109] Vgl. Eisend (2003), S.113.
[110] Vgl. Lis & Korchmar (2012), S.27.

2.2 Word-of-Mouth als Form der Informationsverbreitung

2.2.1 Das klassische Word-of-Mouth im Überblick

Das Phänomen der traditionellen Mundpropaganda nimmt in der Wissenschaft seit rund 50 Jahren einen hohen Stellenwert ein. WoM wird u.a. gemeinhin als einer der klassischen Ansätze zur Verbreitung von Produktinformationen gesehen.[111] Bereits 1967 setzte sich Arndt mit dem Begriff des WoM auseinander. In der bis heute bekanntesten Definition bezeichnet er WoM als *„oral, person-to-person communication between a receiver and a communicator whom the receiver perceives as non-commercial, regarding a brand, a product or a service“*[112]. Die unterschiedlichen Definitionen von WoM[113] stimmen in den folgenden wesentlichen Aspekten überein: WoM ist zwischenmenschlich, informell und hat kommerziellen Inhalt; der WoM-Sender selbst ist jedoch nicht kommerziell motiviert.[114]

Der interpersonelle Charakter von WoM ist das zentrale Merkmal, welches sich in allen Definitionen wiederfindet. Diese weichen allerdings hinsichtlich der Kommunikationsform geringfügig voneinander ab. Während manche Autoren WoM auf rein mündliche Inhalte reduzieren,[115] sind andere Definitionen breiter gefasst und beziehen weitere Kommunikationswege mit ein, wie z.B. das Telefon.[116] Entscheidend ist, dass der Empfänger bei der klassischen Mundpropaganda aktiv an der Kommunikation teilnimmt und so unmittelbar reagieren kann.[117] Ferner ist WoM bedingt durch die zumeist mündliche Kommunikation von kurzweiliger Natur, denn *„it vanishes as soon as it is uttered, for it occurs in a spontaneous manner and then disappears“*[118]. WoM richtet sich vornehmlich an Freunde, Familie und Kollegen[119] und kann sowohl positiv als auch negativ ausgeprägt sein.[120]

Die informelle Art der Kommunikation grenzt WoM zu formellen Beschwerden gegenüber Unternehmen ab.[121] Um WoM daneben von alltäglichen Konversationen abzuheben, wird der Gegenstand der Unterhaltung oftmals als kommerziell

[111] Vgl. Lis & Korchmar (2013), S.73.
[112] Vgl. Arndt (1967), zitiert nach Lis & Korchmar (2012), S.6.
[113] Für Zusammenfassung weiterer Definitionen vgl. Anhang B.
[114] Vgl. Nyilasy (2006), S.164.
[115] Vgl. Arndt (1967) zitiert nach Lis & Korchmar (2012), S.6; Stern (1994), S.7.
[116] Vgl. Goyette et al. (2010), S.9; Brown et al. (2005), S.125.
[117] Vgl. Lis & Korchmar (2012), S.6.
[118] Stern (1994), S.7.
[119] Vgl. Rosen (2001), S.266.
[120] Vgl. Reichelt (2013), S.13.
[121] Vgl. Anderson (1998), S.6.

definiert. Die Kommunikation muss sich demnach um eine Marke, ein Produkt bzw. eine Dienstleistung oder um ein Unternehmen handeln.[122]

Ein weiteres Merkmal, was sich in vielen WoM Definitionen wiederfinden lässt, bezieht sich auf den WoM-Sender, welcher *„independent of the market"*[123] ist. Durch die nicht-kommerziellen Absichten des Senders wird der persönliche Austausch als allgemein glaubwürdiger wahrgenommen als klassische Marketing-Quellen.[124] Diese werden durch fehlende negative Informationen als weniger realistisch wahrgenommen. Zudem ist es für den Konsumenten bei einseitig positiven Marketing-Botschaften schwieriger zwischen Produkten zu differenzieren.[125] Daher wird die WoM-Kommunikation im Vergleich zu unternehmensgetriebenen Werbemaßnahmen als einflussreicher erachtet.[126]

2.2.2 Begriffsdefinitionen und Merkmale von Electronic Word-of-Mouth

Durch die Entwicklung des Internets und der starken Zunahme von Interaktionen im digitalen Bereich sowie die abnehmende Effizienz der Massenwerbung gewinnt neben dem klassischen WoM auch EWoM zunehmend an Relevanz.[127] Durch diese Entwicklung ist es notwendig, das traditionelle Verständnis der Mundpropaganda auszuweiten[128] und das Phänomen des EWoM konkret zu definieren. Abbildung 3: Überblick über ausgewählte Definitionsansätze von EWoM liefert dazu einen Überblick über bisherige Definitionen von EWoM:

Autor (Jahr)	Definition EWoM
Stauss (2000), S. 243	*„Internet customer communication"*
Hennig-Thurau et al. (2004), S.39	*„any positive or negative statement made by potential, actual, or former customers about a product or company, which is made available to a multitude of people and institutions via the internet"*
Sun et al. (2006), S. 1106	*„personal experiences and opinions transmitted through the written word"*
Goldsmith & Horowitz (2006), S.3	*„communicate with each other online to share information and feelings about products and brands"*

[122] Vgl.Goyette et al. (2010), S.9; Brown et al. (2005), S.125; Anderson (1998), S.6; Westbrook (1987), S.261; Arndt (1967) zitiert nach Lis & Korchmar (2012), S.6.
[123] Brown et al. (2007), S.7.
[124] Vgl. Gruen et al. (2006), S.449.
[125] Vgl. Reichelt (2013), S. 2
[126] Vgl. Chiou & Cheng (2003), S.52
[127] Vgl. Oetting (2010), S.9
[128] Vgl. Munzel (2013), S.16

Litvin et al. (2008), S.461	*„all informal communications directed at consumers through Internet-based technology related to the usage or characteristics of particular goods and services, or their sellers"*
Lis & Horst (2013), S.44	*„EWoM is the electronic distribution of experiences and opinions about a product or a company from user to user via internet"*
Lis (2013), S.129	*„The exchange of provider information between consumers via internet is called Electronic Word-of-Mouth"*
Munzel (2013), S.23	*„All communication between two or more (personally known or anonymous) individuals through Internet-based technology about a commercially related target object"*

Abbildung 3: Überblick über ausgewählte Definitionsansätze von EWoM[129]

Das entscheidende Merkmal von EWoM liegt damit übereinstimmend in der Kontaktart, was sich bereits in dem Term ‚Electronic WoM' widerspiegelt. Im Gegensatz zur überwiegenden face-to-face Kommunikation bei WoM erfolgt die Interaktion zwischen Konsumenten beim EWoM über digitale Endgeräte und und/oder über das Internet.[130] Zumeist ist die Kommunikation beim EWoM daher textbasiert.[131] Obwohl manche Autoren in ihrer Definition EWoM daher auf reinen Schriftverkehr reduzieren,[132] sind auch Meinungsäußerungen über bspw. Videos möglich.[133] EWoM kann hier in vielfältigen Formen auftreten,[134] wie beispielsweise in E-Mails,[135] Blogs,[136] Chatrooms,[137] Unternehmens-Websites,[137] E-Commerce-Websites,[138] oder in sozialen Netzwerken.[139]

Die weit verbreiteteste Form der Kunden-zu-Kunden Kommunikation sind Online-Bewertungsportale. Diese Bewertungsportale, auch als *„virtuelle Meinungsplattformen"*[140] bezeichnet, werden *„weder durch den Produktanbieter noch durch den Kunden, sondern durch eine dritte Partei kontrolliert"*[141]. Burton et al. (2010) verstehen darunter eine besondere Kategorie von Diskussionsforen, die zum

129 Eigene Darstellung.
130 Vgl. Dellarocas (2003), S.2.
131 Vgl. Lis & Korchmar (2013), S.73.
132 Vgl. Sun et al. (2006), S.1106.
133 Vgl. Munzel (2013), S.19.
134 Für eine ausführliche Übersicht vgl. Reichelt (2013), S.15ff.
135 Vgl. Goldsmith & Horowitz (2006), S.3; Schindler & Bickart (2005), S.38.
136 Vgl. Lis & Korchmar (2013), S.73.
137 Vgl. Schindler & Bickart (2005), S.38.
138 Vgl. Lis & Korchmar (2012), S.11.
139 Vgl. Ferguson (2008), S.179f.
140 Hennig-Thurau et al. (2002), S.462.
141 Hennig-Thurau & Hansen (2001), S.562.

Austausch von Informationen, Erfahrungen und Empfehlungen dienen.[142] Online-Bewertungsportale enthalten neben Produkt-Rezensionen auch oftmals Ratingsysteme. Mithilfe von Ratingsystemen wird Feedback von Nutzern über eine Rezension gesammelt, aufbereitet und zur Verfügung gestellt.[143] Damit liegen Konsumenten zusätzliche Informationen über die Qualität einer Empfehlung vor, die zu deren Beurteilung genutzt werden können.[144] Da Online-Bewertungsportale als die bedeutendste Form der EWoM-Kommunikation[145] gelten, bezieht sich darauf der Großteil an EWoM-Studien.[146] Daher wird auch in vorliegender Arbeit der Fokus auf Online-Bewertungsportale gelegt.

Einer der wesentlichen Unterschiede zwischen WoM und EWoM ist deren unterschiedliche Reichweite. Informationen lassen sich bei vielen EWoM-Formen von einer beliebig großen Anzahl von Personen abrufen,[147] so dass ein deutlich höherer Empfängerkreis erreicht werden kann als beim klassischen WoM. Bei diesem sind die Rezipienten auf das nähere Umfeld reduziert. EWoM-Botschaften erreichen dagegen nicht nur die eigentlichen Adressaten der Botschaft (z.B. den Kommunikationspartner in einem Forum), sondern auch Nutzer, die nicht an der Unterhaltung beteiligt sind und zufällig darauf gestoßen sind, bspw. durch entsprechende Suchmaschinenanfragen.[148] Durch das Internet können nun Meinungen und Erfahrungen auf einer *„one-to-world platform“*[149] mitgeteilt werden. Stauss fasst dies 1997 bereits folgendermaßen zusammen: *„Traditional word of mouth is restricted to the small circle of family and friends; Internet word of mouth is a boundless dialogue with a potentially unlimited number of Net users”*[150].

Im Zusammenhang mit der Beziehung zwischen Sender und Empfänger wird in der Literatur oftmals das von Granovetter (1973) eingeführte Konzept der Beziehungsstärke in sozialen Netzwerken erwähnt. Granovetter beschäftigt sich in dem Artikel *The strength of weak ties* mit der Beziehung zwischen Akteuren in einem sozialen Netzwerk sowie der Wechselwirkung zwischen Makro- und Mikroebene. Ausschlaggebend für die Beziehungsstärke sind Faktoren wie die

[142] Vgl. Burton & Khammash (2010), S.230.
[143] Vgl. Jøsang et al. (2007): *„information about the performance of a given participant is collected as ratings from other members in the community who have had direct experience with that participant. The central authority (reputation centre) that collects all the ratings typically derives a reputation score for every participant, and makes all scores publicly available.”* (S.626).
[144] Vgl. Resnick et al. (2000), S.46.
[145] Vgl. Hennig-Thurau et al. (2004), S.39.
[146] Vgl. Cheung & Thadani (2012), S.462.
[147] Vgl. Lis & Korchmar (2012), S.12.
[148] Vgl. Reichelt (2013), S.2f.
[149] Steffes & Burgee (2009), S.43.
[150] Stauss (1997), S.28.

miteinander verbrachte Zeit, emotionale Intensität und Vertrautheit. Daher werden als ‚strong ties' die Beziehung zu Freunden und Familie bezeichnet und als ‚weak ties' lose Bekanntschaften.[151] Granovetter (1973) stellt die Theorie auf, dass insbesondere ‚weak ties' eine wesentliche Rolle spielen bei der Verbindung von unterschiedlichen, geschlossenen sozialen Netzen, da sie als Bindeglied für die Verbreitung von Informationen sorgen. ‚Strong ties' hingegen sind maßgeblich relevant innerhalb eines sozialen Netzes.[152] Empfehlungen aus ‚strong tie'-Quellen gelten im Entscheidungsprozess des Rezipienten allgemein als einflussreicher als diejenigen aus ‚weak tie'-Quellen.[153]

Beim traditionellen WoM findet die Kommunikation hauptsächlich zwischen Akteuren statt, die intensiv miteinander verknüpft sind (‚strong ties'). Die meisten EWoM-Kommunikationsformen dagegen sind durch ‚weak ties' charakterisiert, bei denen Sender und Empfänger kaum oder gar keine Beziehung zueinander haben.[154] Virtuelle Meinungsplattformen sind bspw. so konzipiert, dass Informationen zwischen Konsumenten ausgetauscht werden, die sich üblicherweise nicht kennen.[155] Zudem ist der Verfasser oftmals nicht anhand seines Namens identifizierbar. Stattdessen werden sog. Nicknames oder Pseudonyme benutzt, unter denen Bewertungen veröffentlicht werden.[156] Insofern kann bei EWoM zu weiten Teilen eine Anonymität gewahrt werden, die es Konsumenten erlaubt, ihre Meinung zu äußern ohne die eigene Identität preiszugeben.[157]

EWoM-Informationen sind zudem im Gegensatz zum Informationsaustausch beim klassischen WoM speicherbar. Online-Konsumentenmeinungen bleiben zumeist mindestens ein Jahr verfügbar,[158] so dass Nachrichten von einem breiten Publikum für einen relativ langen Zeitraum eingesehen werden können. Infolgedessen ist auch die Beobachtbarkeit von Konsumentenbewertungen durch Dritte (z.B. Unternehmen) deutlich einfacher möglich.[159] Informationen, die online ausgetauscht werden, können aus Unternehmensperspektive besser erfasst und ausgewertet werden als im offline-Geschehen.[160] Ebenfalls bedingt durch die Möglichkeit auch Jahre später auf Mitteilungen zugreifen zu können, wird die

[151] Vgl. Granovetter (1973), S. 1361.
[152] Vgl. Steffes & Burgee (2009), S.45.
[153] Vgl. Meuter et al. (2013), S.4.
[154] Vgl. Schindler & Bickart (2005), S.37.
[155] Vgl. Meuter et al. (2013), S.3.
[156] Vgl. Lis & Korchmar (2012), S.39.
[157] Vgl. Chu & Kim (2011), S.274.
[158] Vgl. Cheung & Thadani (2010), S.331; Park et al. (2007),S.127f.; Hung & Li (2007), S.485; Hennig-Thurau et al. (2004), S.39.
[159] Vgl. Oetting (2010), S.24.
[160] Vgl. Cheung & Thadani (2012), S.462.

Kommunikation der meisten EWoM-Formen als asynchron beschrieben.[161] Während bei WoM die Kommunikation in Echtzeit erfolgt,[162] können bei EWoM Sender und Empfänger zu verschiedenen Zeitpunkten Inhalte produzieren oder konsumieren. So sind Nutzer von EWoM unabhängig von zeitlichen sowie geographischen Einschränkungen.[163]

Infolge dieser speziellen Eigenschaften von EWoM ergeben sich einige Unterschiede hinsichtlich der Rolle der Glaubwürdigkeit im Vergleich zur klassischen Mundpropaganda. Daher muss die Funktion der Glaubwürdigkeit im Online-Kontext gesondert betrachtet werden. Das folgende Kapitel widmet sich diesem Aspekt.

2.2.3 Glaubwürdigkeit im Rahmen von Electronic Word-of-Mouth

Bisherige Studien haben gezeigt, dass die wahrgenommene Glaubwürdigkeit von EWoM bei der finalen Bewertung von Online-Empfehlungen eine zentrale Rolle spielt.[164] So sehen bspw. Brown et al. (2007) Glaubwürdigkeit als einen der Schlüsselfaktoren zur Einschätzung von Online-Konsumentenbewertungen.[165] Je höher die Glaubwürdigkeit einer EWoM-Botschaft, desto eher wird sie vom Empfänger befolgt.[166] Glaubwürdigkeit wird daher von McKnight betrachtet als „*important predictor of future actions of the Web consumer*“[167]. Dieser positive Einfluss von Glaubwürdigkeit auf die Annahme bzw. Adaption von Online-Empfehlungen ist in der Literatur hinreichend belegt.[168] Manche Autoren sind sogar der Auffassung, dass Produktbewertungen überhaupt nur dann einen Einfluss auf das Konsumentenverhalten haben, wenn sie glaubwürdig wirken.[169] Bei der Beurteilung der Glaubwürdigkeit einer Online-Empfehlung sind Rezipienten allerdings mit einigen Herausforderungen konfrontiert. Diese ergeben sich durch die bereits untersuchten Charakteristika von EWoM. Die wahrgenommene Glaubwürdigkeit beim klassischen WoM beruht im Wesentlichen darauf, dass Sender und Empfänger sich bereits kennen und eine Beziehung zueinander aufgebaut

---

[161] Vgl. Litvin et al. (2008), S.13.
[162] Vgl. Burgoon et al. (2010), S.347.
[163] Vgl. Goldsmith & Horowitz (2006), S.3.
[164] Vgl. Lis (2013), S.129.
[165] Vgl. Brown et al. (2007), S.15.
[166] Vgl. Wathen & Burkell (2002), S.137f.
[167] McKnight & Kacmar (2006), S.4.
[168] Vgl. Lis (2013), S.129; Cheung & Thadani (2012),S.463; Cheung et al. (2009), S.27.
[169] Vgl. Chu & Kamal (2008), S.32f.; Zhang & Watts (2008), S.84f.; Wathen & Burkell (2002), S.134.

haben. Studien deuten darauf hin, dass Akteure mit einer starken sozialen Bindung mehr Informationen austauschen als in einer losen Beziehung.[170] Zudem gelten Empfehlungen aus ‚strong tie' Quellen als vertrauenswürdiger für den Empfänger.[171] Beim EWoM dagegen ist zumeist keinerlei soziale Bindung zwischen den Akteuren zu verzeichnen. Leser von Online-Feedback stehen somit vor der Herausforderung, die Meinungen von ihnen unbekannten Nutzern einzuschätzen.[172] Weder deren Motive zur Informationsbereitstellung sind bekannt noch deren Expertise.[173] Daneben wird es auch durch das Volumen an Konsumentenbewertungen im Internet zunehmend problematischer, ehrliches Feedback herauszufiltern.[174]

Konsumenten müssen sich auf Bewertungen von sehr subjektiver Natur einstellen. Sowohl die Online-Rezensionen von *„brand enthusiasts"*[175] als auch diejenigen von Konsumenten mit Negativerfahrungen[176] lassen eine eher einseitige Berichterstattung vermuten. Zudem sind Empfehlungen oftmals sehr unpräzise gehalten und beinhalten mitunter Fehlinformationen.[177] Lee & Youn (2009) begründen dies folgendermaßen: *„EWoM communicators often do not feel much responsibility for the consequences of their recommendations because their postings will be read by complete strangers"*[178]. Darüber hinaus ist es bedingt durch die Anonymität vieler EWoM-Formen relativ einfach, Rezensionen gezielt zu manipulieren. Firmen und andere Interessenparteien erkennen zusehends das Potential von EWoM und sind daher bestrebt, Inhalte zu überwachen und zu beeinflussen.[179] Gemeinhin wird beabsichtigt, positives EWoM zu verstärken und negatives EWoM zu minimieren.[180] Einige Firmen entlohnen dahingehend Konsumenten, sofern diese positive Kritiken verfassen.[181] Rezensionen werden zudem regelmäßig von Unternehmen selbst verfasst, die entweder die eigenen Produkte oder Dienstleistungen fördern oder die der Mitbewerber schlecht bewerten.[182] Ein Zeugnis dessen ist ein Vorfall im Jahr 2004, als die kanadische Seite des amerikanischen Online-Versandhändlers Amazon durch einen Software-Fehler die

[170] Vgl. Brown & Reingen (1987), S.357.
[171] Vgl. Brown et al. (2007), S.5 ; Bansal & Voyer (2000), S.174 f.
[172] Vgl. Cheung & Thadani (2010), S.331.
[173] Vgl. Schindler & Bickart (2005), S.37.
[174] Vgl. Lis & Korchmar (2012), S.2.
[175] Reichelt et al. (2014), S.66.
[176] Vgl. Wetzer et al. (2007), S.261f.
[177] Vgl. Reichelt (2013), S.157.
[178] Lee & Youn (2009), S.477.
[179] Vgl. Reichelt et al. (2014), S.66.
[180] Vgl. Mayzlin et al. (2012), S.2.
[181] Vgl. Lee & Youn (2009), S.474; Dellarocas (2006), S.1578.
[182] Vgl. Kietzmann & Canhoto (2013), S.148.

Identitäten einiger Buchrezensenten preisgab. Es stellte sich heraus, dass eine beträchtliche Menge an Rezensionen von den Autoren und Verlagen des Buches selbst oder von der Konkurrenz geschrieben worden war.[183]

Wie in diesem Abschnitt festgestellt wurde, spielt Glaubwürdigkeit bei der Beurteilung von EWoM-Botschaften eine zentrale Rolle. Bedingt durch verschiedene Charakteristika der EWoM-Kommunikation sind Rezipienten bei der Beurteilung von Online-Rezensionen vor erhebliche Herausforderungen gestellt. Ob sich dieser Umstand letztendlich negativ auf die wahrgenommene Glaubwürdigkeit des Rezipienten auswirkt, kann an dieser Stelle nur vermutet werden und soll daher in den folgenden Kapiteln diskutiert werden.

3. Der Kommunikationsprozess im Rahmen von Electronic Word-of-Mouth

Als Grundlage für die Ermittlung der Einflussfaktoren auf die EWoM-Glaubwürdigkeit in Kapitel 0 wird an dieser Stelle zunächst der Untersuchungsrahmen der vorliegenden Arbeit aufgezeigt. Basierend auf den Erkenntnissen aus Kommunikations-, Glaubwürdigkeits- und EWoM-Forschung wird ein ganzheitliches Modell des EWoM-Kommunikationsprozesses entwickelt.

In der traditionellen Kommunikationstheorie wurde in einer Vielzahl an Modellen versucht, den Kommunikationsprozess zu beschreiben und darzustellen. Lasswell (1948) entwickelte mit der sog. Lasswell-Formel *„Who - says what - in which channel - to whom - with what effect"*[184] eines der bedeutendsten Modelle der Kommunikationsforschung, welches vielfach als Ausgangspunkt für die Konzeption weiterer Modelle herangezogen wurde.[185] Hovland (1948) sieht den Kommunikationsprozess ebenso bestehend aus mehreren Elementen und bezeichnet diesen als *„the process by which an individual (the communicator) transmits stimuli (usually verbal symbols) to modify the behavior of other individuals (communicates)"*[186].

Die allgemeine Glaubwürdigkeitsforschung nimmt hinsichtlich der untersuchten Komponenten eine ähnliche Aufteilung vor wie die Kommunikationsforschung.[187] So wurde bereits in Abschnitt 0.1.4 erörtert, dass sich die quellen- und kontextorientierte Glaubwürdigkeitsbeurteilung auf die Komponenten Kommunikator,

---

183 Vgl. Harmon (2004), S.1.
184 Lasswell (1948), S.216.
185 Für einen detaillierten Überblick siehe McQuail (1997), Kap.2-8.
186 Hovland (1948), S.371.
187 Vgl. Wathen & Burkell (2002), S.141; Schweiger (2000), S.40; Nawratil (1999), S.15ff.; Köhnken (1990), S.123ff.

Medium, Botschaft, Rezipient und Kontext bezieht.[188] Im Rahmen der EWoM-Forschung gilt der Modellaufbau von Cheung & Thadani (2012)[189] als der bislang umfangreichste.[190]

Basierend auf den Erkenntnissen der Kommunikations-, Glaubwürdigkeits-, und EWoM-Forschung[191] soll der EWoM-Kommunikationsprozess in dieser Arbeit aus den sechs Komponenten bestehen, wie sie in Abbildung 4 zu sehen ist.

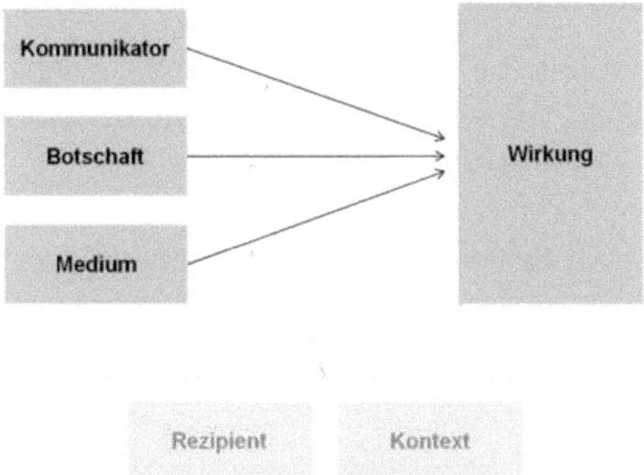

Abbildung 4: Modellaufbau des EWoM-Kommunikationsprozesses basierend auf Kommunikations-, Glaubwürdigkeits- und EWoM-Forschung[192]

Hinsichtlich der Wirkung von EWoM-Kommunikation kann eine Vielzahl an marketingrelevanten Zielgrößen untersucht werden. Zur Einordnung kann gemäß Lee & Lee (2009) zwischen zwei verschiedenen Ebenen unterschieden werden: ‚market-level analysis' und ‚individual-level analysis'.[193] Auf Marktebene wird E-WoM als akkumulierte Kundenmeinung aufgefasst und in Beziehung zu relevanten Parametern gesetzt, z.B. Produktverkäufen. In dieser Arbeit wird hingegen die Wirkung auf individueller Ebene studiert. EWoM wird dabei als *„process of personal influence"*[194] betrachtet, bei dem die Kommunikation zwischen Sender und Empfänger dessen Entscheidungsprozess beeinflussen kann. Die Glaubwürdigkeitsbeurteilung einer EWoM-Botschaft stellt einen Teilaspekt der Wirkung

188 Vgl. Eisend (2003), S.117.
189 Vgl. Cheung & Thadani (2012), S.464
190 Das Modell von Cheung & Thadani bezieht allerdings nicht das Medium als weitere Komponente mit ein. Daher bedarf es hier einer Weiterentwicklung des Modells.
191 Für eine Übersicht über die untersuchten Komponenten der Forschungsansätze vgl. Anhang C.
192 Eigene Darstellung.
193 Vgl. Lee & Lee (2009), S.302.
194 Cheung & Thadani (2012), S.461.

auf individueller Ebene dar, auf den sich die vorliegende Untersuchung beschränkt. Weitere, der Wirkung zugeordnete Zielgrößen sind z.B. Informationsnutzen, Adaption der EWoM-Botschaft, Kaufabsichten des Rezipienten sowie Weiterempfehlungsverhalten.[194] Der bisherigen EWoM-Literatur folgend gehen Kommunikator, Botschaft und Medium als unabhängige Größen[195] in das Modell ein, während die Wirkungsweise von EWoM mit ihren unterschiedlichen Zielgrößen als abhängige Variable gilt.[196] Sowohl dem Rezipienten als auch den Kontextfaktoren wird eine moderierende Rolle zugeschrieben.[197] Nachdem in diesem Abschnitt der Gesamtuntersuchungsrahmen des EWoM-Kommunikationsprozesses aufgebaut wurde, wird im Folgenden mit der Glaubwürdigkeitsbeurteilung ein Teilaspekt des Modells vertieft.

4. Einflussfaktoren auf die Glaubwürdigkeit von Electronic Word-of-Mouth

Basierend auf dem Modellaufbau in Kapitel 0 (vgl. Abb.4) sollen die unabhängigen Variablen Kommunikator, Botschaft und Medium hinsichtlich ihrer Wirkung auf die Glaubwürdigkeit von EWoM untersucht werden. Basierend auf bestehender Literatur werden die wesentlichen Einflussfaktoren dieser drei Komponenten auf die EWoM-Glaubwürdigkeit identifiziert. Schlussendlich soll das bestehende Modell erweitert werden und das Verständnis dafür fördern, anhand welcher Faktoren die Glaubwürdigkeit von EWoM-Botschaften von Rezipienten beurteilt wird.

4.1 Einflussfaktoren auf die Glaubwürdigkeit des Kommunikators

Im traditionellen Offline-Kontext wurde die Kommunikator-Glaubwürdigkeit bislang eingehend untersucht. In den letzten Jahren hat die Betrachtung des Kommunikators auch im EWoM-Kontext zunehmend Beachtung gefunden.[198] Die Studien haben gemein, *„dass sie danach trachten, diejenigen Eigenschaften und Fähigkeiten zu bestimmen, die einen glaubwürdigen Kommunikator kennzeichnen“*[199]. Im Folgenden sollen die Einflussfaktoren Kompetenz, Vertrauenswürdigkeit, Attraktivität und Beziehungsstärke einer genaueren Analyse unterzogen

[195] Vgl. Cheung & Thadani (2012), S.464ff; Lis (2013), S.133; Urban et al. (2009), S.180; Berger & Iyengar (2013), S.576; Doh & Hwang (2009), S.194.
[196] Vgl. Cheung & Thadani (2012), S.464.
[197] Vgl. Cheung & Thadani (2012), S.464; Doh & Hwang (2009), S.19; Park et al. (2007), S.401; Park et al. (2007), S.140.
[198] Vgl. Lis & Korchmar (2012), S.33.
[199] Nawratil (2006), S.44.

werden,[200] da diese als Einflussfaktoren auf die Glaubwürdigkeit der Kommunikation eine besonders wichtige Rolle spielen.

Kompetenz

Kompetenz wird, der Begriffsauffassung von Ohanian (1990) folgend, bezeichnet als *„the extent to which a person is perceived to possess knowledge, skills or experience and thereby is considered to provide accurate information"*[201]. In der EWoM-Glaubwürdigkeitsforschung wird die Auffassung der klassischen Glaubwürdigkeitstheorie übernommen und Kompetenz als einer der wesentlichen Einflussfaktoren auf die Glaubwürdigkeit des EWoM-Kommunikators gesehen.[202] Je stärker die wahrgenommene Expertise des Kommunikators, desto eher werden dessen Empfehlungen als glaubwürdig wahrgenommen. Lis (2013) sieht dies darin begründet, dass *„the receiver has little cause to doubt the correctness of this information due to the knowledge and the competence of the communicator"*[203]. Zudem wird angenommen, dass ein fachkundiger Kommunikator auf andere Konsumenten nicht nur glaubwürdiger, sondern auch überzeugender wirkt.[204] Der Empfänger geht davon aus, dass ein kompetenter Sender über besonders viele und konstruktive Informationen verfügt.[205] Der Studie von Huang & Chen (2006) zufolge nimmt die Kompetenz der Kommunikatoren beim EWoM sogar eine wichtigere Rolle ein als beim klassischen WoM. Die Autoren argumentieren, dass Kompetenz in der persönlichen Kommunikation weniger leicht zu finden sei durch den begrenzten Kreis an Kommunikationspartnern. Daher werde sich beim klassischen WoM eher auf die Vertrauenswürdigkeit der Kommunikationspartner gestützt.[208] Gemäß den Studien von Burton & Khammash (2010),[206] Metzger (2010)[207] und Huang & Chen (2006)[208] werden Online-Rezensenten als kompe-

[200] Für eine detaillierte Auflistung aller analysierten Studien hinsichtlich der Kommunikator-Glaubwürdigkeit vgl. Anhang C.
[201] Ohanian (1990), S.44.
[202] Vgl. Ayeh et al. (2013), S.439; Yi et al. (2013), S.296; Lis (2013), S.130; Reichelt (2013), S.86; Martin & Lueg (2013), S.803; Fan & Miao (2012), S.176; Willemsen et al. (2012), S.17; Lis & Korchmar (2012), S.35; Wiedmann et al. (2011),S.333; Cheung & Thadani (2010), S.234; Burton & Khammash (2010), S.231; Cheung et al. (2009), S.17; Cheung et al. (2008), S. 233; Brown et al. (2007), S.11; Huang & Chen (2006), S.418; Smith et al. (2005), S.25; Senecal & Nantel (2004), S.160; Kiecker & Cowles (2002), S.314; Bansal & Voyer (2000), S.169.
[203] Lis (2013), S.131.
[204] Vgl. Wangenheim & Bayon (2004), S.1175.
[205] Vgl. Bansal & Voyer (2000), S.169.
[206] Vgl. Burton & Khammash (2010), S.231.
[207] Vgl. Metzger et al. (2010), S.434.
[208] Vgl. Huang & Chen (2006), S.414f.

tenter bewertet, wenn diese als Experten wahrgenommen werden. Da im Rahmen des Online-Kontextes die Kompetenz des jeweiligen Autors nicht direkt einschätzbar ist, wird stattdessen auf indirekte Anhaltspunkte im Text zurückgegriffen, wie bspw. dessen *„berufliche Tätigkeit, seine Erfahrungen im betrachteten Produktbereich oder den Zeitrahmen, in welchem er das Produkt getestet hat“*[209].

Die Kompetenz des Kommunikators wird folglich übereinstimmend als einer der wesentlichen Einflussfaktoren auf die Glaubwürdigkeit von EWoM charakterisiert.

Vertrauenswürdigkeit

Im traditionellen Offline-Kontext gilt Vertrauenswürdigkeit neben Kompetenz als eine der Hauptdimensionen von Glaubwürdigkeit.[210] Vertrauenswürdigkeit, von Ohanian (1990) bezeichnet als *„listener's degree of confidence in, and level of acceptance of, the speaker and the message“*[211], spielt auch im EWoM Kontext eine wesentliche Rolle. Insgesamt 19 der untersuchten 25 Artikel seitens des Kommunikators befassen sich mit dem Einfluss der Vertrauenswürdigkeit auf die Glaubwürdigkeit.[212] Je höher die Vertrauenswürdigkeit der Quelle, desto eher wird dessen EWoM-Botschaft als glaubwürdig wahrgenommen.[213] Lis (2013) bspw. stellt anhand einer Umfrage auf einer Online-Diskussionsplattform fest, dass die Vertrauenswürdigkeit einen signifikanten Einflussfaktor auf die EWoM-Glaubwürdigkeit darstellt.[214]

Eine positive Korrelation zwischen Vertrauenswürdigkeit und Glaubwürdigkeit konnte auch die Studie von Smith et al. (2005) bestätigen. Dabei mussten Probanden die Wahl eines geeigneten Restaurants alleine anhand von Kunden-Rezensionen sowie einer Biografie der Autoren treffen. Festgestellt wurde, dass den Rezensionen derjenigen Kommunikatoren, die anhand ihrer Biografie als vertrauenswürdig eingeschätzt wurden, auch eine höhere Glaubwürdigkeit zugesprochen wurde.[215] Bezug nehmend auf die im vorherigen Abschnitt angeführte Studie von Huang & Chen (2006) werden Experten für ihre Rezensionen zwar als

---

209 Wiedmann et al. (2011), S.334.

210 Vgl. Hovland et al. (1953), S.21.

211 Ohanian (1990), S.41.

212 Vgl. Ayeh et al. (2013), S.439; Lis (2013), S.130; Martin & Lueg (2013), S.803; Reichelt (2013), S.86; Willemsen et al. (2012), S.17; Lis & Korchmar (2012), S.35; Wiedmann et al. (2011),S.333; Burton & Khammash (2010), S.231; Cheung & Thadani (2010), S.234; Cheung et al. (2009), S.17; Cheung et al. (2008), S. 233; Chu & Kamal (2008), S.27; Brown et al. (2007), S.11; Huang & Chen (2006), S.418; Smith et al. (2005), S.25; Senecal & Nantel (2004), S.160; Kiecker & Cowles (2002), S.314; Bansal & Voyer (2000), S.169.

213 Vgl. Cheung et al. (2012), S.466.

214 Vgl. Lis (2013), S.137.

215 Vgl. Smith et al. (2005), S.29ff.

kompetenter eingeschätzt, allerdings werden diese im Gegenzug als weniger vertrauenswürdig wahrgenommen als Laien.[216] Zum gleichen Ergebnis kommt auch die Untersuchung von Willemsen (2012), der als Begründung anmerkt: *„A claimed lack of expert knowledge signals sincerity"*[217]. Die angesprochene Aufrichtigkeit (‚sincerity') gilt als eines der wichtigsten Kriterien, anhand derer ein Kommunikator als vertrauenswürdig eingeschätzt wird.[218]

Die Ergebnisse der Studien deuten darauf hin, dass entsprechend der Source-Credibility-Theorie von Hovland et al. (1953) Kompetenz neben Vertrauenswürdigkeit ein bestimmender Einflussfaktor seitens des Kommunikators auf die Glaubwürdigkeit von EWoM-Botschaften ist.

Attraktivität

Der Source-Attractiveness-Theorie folgend (vgl. Abschnitt 0.1.2.1) stellt die Attraktivität des Kommunikators in der traditionellen Mundpropaganda eine weitere wichtige Determinante der Glaubwürdigkeit dar. Diese wird definiert als *„affective bond that an individual may feel toward another person"*[219] und beinhaltet die Faktoren *„similarity, familiarity and likability"*[220]. Aus der Literatur lässt sich allerdings ableiten, dass primär die soziale Ähnlichkeit (‚familiarity') zwischen Empfänger und Kommunikator Einfluss auf dessen wahrgenommen Attraktivität hat.[221] Durch die Ähnlichkeit bzw. Homophilie wird bestimmt, inwiefern Kommunikator und Rezipient hinsichtlich bestimmter Attribute übereinstimmen.[222] Dies kann sich sowohl auf demographische Charakteristika beziehen (Alter, Geschlecht, Bildung)[223] als auch auf empfundene Übereinstimmungen hinsichtlich soziologischer Merkmale (Werte, Erfahrungen, Interessen).[224]

In Bezug auf die Korrelation zwischen Homophilie bzw. Attraktivität und Glaubwürdigkeit im EWoM-Kontext bestehen unterschiedliche Auffassungen. Manche Autoren bewerten den Faktor Attraktivität als generell nicht anwendbar auf den Online-Kontext, da die Kommunikatoren nicht ausreichend beurteilt werden können.[225] Die empirischen Untersuchungen von Brown (2007) und Wiedmann

[216] Vgl. Huang & Chen (2006), S.418.
[217] Willemsen et al. (2012), S.18ff.
[218] Vgl. Lis (2013), S.131.
[219] Smith et al. (2005), S.19.
[220] Kiecker & Cowles (2002), S.314.
[221] Vgl. Reichelt (2013), S.88.
[222] Vgl. Wangenheim & Bayon (2004), S.1175.
[223] Vgl. Steffes & Burgee (2009), S.47; Brown et al. (2007), S.5.
[224] Vgl. Fan & Miao (2012), S.176; Lis & Korchmar (2012), S.39.
[225] Vgl. Cheung et al. (2009), S.16; Chu & Kamal (2008), S.27.

(2011) unterstützen diese Annahme. In beiden Studien konnte kein Einfluss von Homophilie auf die Glaubwürdigkeitsbeurteilung ausgemacht werden.[226]

Die Mehrzahl an Studien bestätigt jedoch den positiven Zusammenhang zwischen der Ähnlichkeit von Sender und Empfänger von Online-Botschaften und Glaubwürdigkeit.[227] Zwar ist die Beurteilung der sozialen Ähnlichkeit bei EWoM überwiegend auf schriftliche Beiträge beschränkt.[228] Um dennoch Gemeinsamkeiten mit dem Rezensenten erkennen zu können, suchen Konsumenten im Text der Online-Empfehlung gezielt nach Hinweisen auf konforme Werte und Erfahrungen.[229] Eine Übereinstimmung führt zu verstärkter wahrgenommener Attraktivität und damit zu erhöhter Glaubwürdigkeit des Kommunikators.[230] Die Ergebnisse der zitierten Untersuchungen deuten folglich darauf hin, dass Rezipienten homophile Quellen tendenziell als glaubwürdiger betrachten.

Beziehungsstärke

Der von Granovetter (1973) geprägte Begriff der Beziehungsstärke ist ein *„multidimensional construct that represents the strength of the dyadic interpersonal relationships in the context of social networks“*[231]. Ausschlaggebend für die Beziehungsstärke sind Faktoren wie die miteinander verbrachte Zeit, emotionale Intensität und Vertrautheit.[232] Gemeinhin ist die klassische Mundpropaganda durch eine starke soziale Bindung (‚strong tie‘) zwischen Sender und Empfänger gekennzeichnet.[233] Studien belegen im Offline-Kontext einen Einfluss der Beziehungsstärke auf Glaubwürdigkeit.[234] Gerade bei schwierigen Entscheidungen und geringen Vorkenntnissen seitens des Rezipienten werden ‚strong tie‘-Quellen präferiert.[235]

Im Rahmen der EWoM-Kommunikation haben Konsumenten zumeist keinerlei oder eine schwache Beziehung zueinander.[236] Dennoch scheint dieser Umstand verschiedenen Untersuchungen folgend keine negative Wirkung auf die

---

226 Vgl. Wiedmann et al. (2011), S.344; Brown et al. (2007), S.9.
227 Vgl. Reichelt et al. (2014), S.73; Lis (2013), S.131; Fan & Miao (2012), S.178; Lis & Korchmar (2012), S.39; Steffes & Burgee (2009), S.57; Smith et al. (2005), S.21; Kiecker & Cowles (2002), S.314.
228 Vgl. Reichelt (2013), S.89.
229 Vgl. Lis & Korchmar (2012), S.39.
230 Vgl. Wiedmann et al. (2011), S.335.
231 Money et al. (1998), S.79.
232 Vgl. Granovetter (1973), S.1361.
233 Vgl. Bansal & Voyer (2000), S.168.
234 Vgl. Brown & Reingen (1987), S.353.
235 Vgl. Duhan et al. (1997), S.291.
236 Vgl. Cheung & Thadani (2012), S.462.

Glaubwürdigkeitsbeurteilung zu haben.[237] So stellen bspw. Vilponnen et al. (2006) zwar die Hypothese auf, dass sich stärkere Bindungen im EWoM-Kontext positiv auf die Glaubwürdigkeit und damit auf die Informationsannahme des Rezipienten auswirken. In den empirischen Untersuchungen kann jedoch kein signifikanter Zusammenhang ermittelt werden.[238] Die Studie von Steffes & Burgee (2009) kommt zu übereinstimmenden Ergebnissen. Hierbei wird sogar festgestellt, dass Probanden zur Informationssuche eine EWoM-Seite mit schwachen sozialen Beziehungen gegenüber einer realen Person, d.h. einer ‚strong tie'-Quelle, vorziehen. Daraus lässt sich ableiten, dass *„EWoM passed from virtual strangers can be equally or more preferred than some strong tie information sources"*[239]. Anhand der untersuchten Studien kann resümierend festgehalten werden, dass sich eine geringe soziale Bindung zwischen Kommunikator und Rezipient im EWoM-Kontext sich nicht negativ auf die Glaubwürdigkeitsbeurteilung auswirkt.

4.2 Einflussfaktoren auf die Glaubwürdigkeit der Botschaft

Nutzer von EWoM-Plattformen beurteilen die Glaubwürdigkeit einer EWoM-Botschaft nicht nur anhand des Kommunikators, sondern auch anhand der Botschaft an sich.[240] Mittels verschiedenster selbst wahrgenommener Eigenschaften, wie Qualität und Quantität der Bewertungen, Valenz und sprachlicher Gestaltung der Mitteilung wird der Botschaftstext hinsichtlich seiner Glaubwürdigkeit einer Beurteilung durch den Rezipienten unterzogen.[241]

Qualität

In der allgemeinen Kommunikations- und Persuasionsforschung gilt die inhaltliche Qualität des Arguments als eines der Hauptkriterien für die Glaubwürdigkeitsbeurteilung der Botschaft.[242] Auch im EWoM-Kontext ist die Qualität der Argumentation oftmals Gegenstand der Untersuchung.[243] Die Qualität einer Bot-

---

[237] Vgl. Lis & Korchmar (2012), S.42.
[238] Vgl. Vilpponen et al. (2006), S.73.
[239] Steffes & Burgee (2009), S.53.
[240] Vgl. Reichelt (2013), S.96.
[241] Für eine detaillierte Auflistung aller analysierten Studien hinsichtlich der Botschafts-Glaubwürdigkeit vgl. Anhang C.
[242] Vgl. Cheung et al. (2012), S.621.
[243] Vgl. Fan et al. (2013), S.59ff.; Yi et al. (2013), S.286; Scholz & Dorner (2013), S.137ff.; Jiménez & Mendoza (2013), S.228; Cheung et al. (2012), S.621; Cheung & Thadani (2012), S.464ff.; Lis & Korchmar (2012), S.47; Wiedmann et al. (2011), S.336; Xiaofen & Yiling (2009), S.25ff.; Lee & Lee (2009), S.303ff.; Awad & Ragowsky (2008), S.103ff.; Chu & Kamal (2008), S.28ff.; Park et al. (2007), S.128ff.; Wathen & Burkell (2002), S.135ff.

schaft bezieht sich auf die Stärke bzw. Überzeugungskraft eines Arguments. Gemäß Cheung & Thadani (2012) kann die Qualität eines Arguments in die Faktoren *„relevance, timeliness, accuracy, comprehensiveness“*[244] aufgeschlüsselt werden. Die Relevanz bezieht sich darauf, inwieweit die Informationen geeignet zur Entscheidungsfindung sind.[245] Da sich Internetnutzer selten detailliert mit Rezensionen beschäftigen, sondern diese stattdessen eher grob auf relevante Inhalte *„scannen“*,[246] müssen Informationen präzise und schnell erfassbar dargestellt werden. ‚Timeliness‘ betrifft die Aktualität der Informationen.[247] Die Studien von Scholz & Dorner (2013) sowie von Wiedmann et al. (2011) belegen bspw. den positiven Einfluss neuartiger Informationen auf die Glaubwürdigkeitsbeurteilung des Rezipienten.[248] Der Faktor ‚comprehensiveness‘ bezieht sich sowohl auf den Umfang und Detailgrad einer Botschaft[249] als auch auf deren Verständlichkeit.[250] So erhöhen umfassende und profunde Informationen ebenso die Qualität einer Botschaft wie deren einfache Verständlichkeit.[251] Eine weitere Determinante der Botschaftsqualität ist nach Cheung (2012) der Faktor *„accuracy“*,[252] welcher sich auf die Verlässlichkeit des Arguments bezieht.

Dass die Qualität der Botschaft ein wichtiger Einflussfaktor auf die Glaubwürdigkeitsbeurteilung ist, bestätigt bspw. auch eine aktuelle Studie von Fan et al. (2013). Hier wurde festgestellt, dass die argumentative Stärke der Rezension einen noch stärkeren Einfluss auf die Glaubwürdigkeit hat als die Kommunikator-Glaubwürdigkeit.[253]

<u>Quantität</u>

Burton & Khammash (2010) stellen in ihrer Studie fest, dass Konsumenten vor Kaufentscheidungen zumeist mehrere Rezensionen lesen.[254] Dabei signalisiert das Volumen an Online-Rezensionen die Popularität eines Produkts[255]: *„The more reviews there are, the more popular and important the product is“*[256]. Einige

[244] Cheung & Thadani (2012), S.465.
[245] Vgl. Cheung et al. (2008), S.234.
[246] Madu & Madu (2002), S.255.
[247] Vgl. Lis & Korchmar (2012), S.48.
[248] Vgl. Scholz & Dorner (2013), S.138f.; Wiedmann et al. (2011), S.343.
[249] Vgl. Lis & Korchmar (2012), S.48; Chen & Tseng (2011), S.758; Cheung et al. (2008), S.235.
[250] Vgl. Scholz & Dorner (2013), S.138; Ghose & Ipeirotis (2011), S.5.
[251] Vgl. Wiedmann et al. (2011), S.337.
[252] Cheung & Thadani (2012), S.465.
[253] Vgl. Fan et al. (2013), S.63.
[254] Vgl. Burton & Khammash (2010), S.9.
[255] Vgl. Sher & Lee (2009), S.143.
[256] Park et al. (2007), S.129.

empirische Studien habe zudem nachweisen können, dass die Quantität von E-WoM-Botschaften die Glaubwürdigkeitsbeurteilung der einzelnen Beiträge positiv beeinflusst.[257]

Park & Kim (2008) argumentieren zudem, dass die Anzahl von Rezensionen einen größeren Einfluss auf Konsumenten mit wenig Expertise hat. Diese verlassen sich im Gegensatz zu Konsumenten mit hoher fachlicher Kompetenz auf die Entscheidungsregel *„lots of messages are good"*[258] und sind weniger interessiert an hochwertigen und differenzierten Angaben. Da bei einer Vielzahl an vorliegenden EWoM-Botschaften i.d.R. nicht alle Rezensionen übereinstimmen, untersuchen einige Studien zudem die rezipientenseitige Beurteilung von Konsens bzw. Dissens zwischen Empfehlungen. Tong & Zhong (2009) argumentieren, dass Meinungen, die von einer Mehrheit vertreten werden, eher Vertrauen geschenkt wird als solchen von einer Minderheit.[259] Diesen Zusammenhang untersucht auch die Studie von Doh & Hwang (2009), wobei ermittelt wurde, dass ein hoher Konsens zwischen EWoM-Botschaften eine höhere Überzeugungskraft besitzt und sich positiv auf deren Glaubwürdigkeit auswirkt.[260]

Valenz

Ebenfalls Einfluss auf die EWoM-Glaubwürdigkeit hat – wie auch intuitiv anzunehmen ist - die Valenz, welche Bezug nimmt auf die positive oder negative Ausprägung der Empfehlung.[261] Die meisten bisherigen Untersuchungen hinsichtlich der Valenz von EWoM-Botschaften ergeben, dass negative Informationen einen stärkeren Einfluss haben als positive Informationen.[262] Dass sich die Wahrnehmungen einer Online-Rezension je nach Wertigkeit der Botschaft unterscheiden, zeigt auch die Studie von Qiu et al. (2012). Hier wurde in einer experimentellen Studie den Probanden ein Stimulus in Form einer Online-Rezension vorgelegt. Hierbei konnte festgestellt werden, dass negativ ausgeprägte Rezensionen als deutlich glaubwürdiger aufgefasst werden als positive Rezensionen.[263] Diese

[257] Vgl. Fan et al. (2013), S.58f.; Park & Kim (2009), S.404; Sher & Lee (2009), S.143; Park et al. (2007), S.128.
[258] Park & Kim (2009), S.403.
[259] Vgl. Tong & Zhong (2009), S.521.
[260] Vgl. Doh & Hwang (2009), S.194ff.
[261] Vgl. Cheung & Thadani (2012), S.465.
[262] Vgl. Lee & Koo (2012), S.1981; Bae & Lee (2011), S.210; Doh & Hwang (2009), S.195 ff.; Park & Lee (2009), S.65; Sen & Lerman (2007), S.90; Chevalier & Mayzlin (2006), S.25f.; Ahluwalia (2000), S.230.
[263] Vgl. Qiu et al. (2012), S.637.

Tendenz wird zumeist durch den sog. Negativitäts-Effekt erklärt.[264] Dieser besagt, *„dass negativ formulierte Botschaften bei gleicher Intensität einen signifikant höheren Effekt haben als positiv formulierte Botschaften."*[265]

Beinhalten Rezensionen überdies zweiseitige Argumentationen, d.h. sowohl positive als auch negative Informationen, werden diese als glaubwürdiger empfunden als einseitige Argumentationen.[266] So bestätigt die Studie von Cheung & Thadani (2012), dass die wahrgenommene Glaubwürdigkeit bei *„two-sided messages"*[267] stärker ist als bei *„one-sided messages."*[267] Enthält eine Botschaft sowohl positive als auch negative Informationen, wird sie als unvoreingenommen gesehen und vermindert damit Zweifel des Rezipienten.[268] Folglich kann festgehalten werden, dass die Valenz einer Botschaft einen starken Einfluss auf die Glaubwürdigkeitsbeurteilung des Rezipienten hat.

Sprachliche Gestaltung

Inwiefern der Sprachstil von Konsumenten zur Beurteilung der EWoM-Glaubwürdigkeit herangezogen wird, haben bisher nur wenige Studien untersucht.[269] Nach Reinmuth (2009) lassen sich durch den Sprachstil Rückschlüsse auf die Glaubwürdigkeit des Autors ziehen. Rezensenten versuchen mithilfe sprachlicher Mittel, Glaubwürdigkeit bei den Empfängern zu schaffen, um diese von ihrer Expertise zu überzeugen.[270] Rechtschreibfehler bspw. wirken sich negativ auf die wahrgenommene Kompetenz des Autors aus.[271] Dagegen erhöht der Einsatz von Fachtermini und abwechslungsreichem Vokabular die Glaubwürdigkeit einer Botschaft.[272] Rezensionen wirken zudem glaubwürdiger, wenn persönliche Erfahrungen und nicht nur Meinungen wiedergegeben werden. So argumentieren Schindler & Bickart (2005): *„If a comment involves 'I' statements or otherwise evokes real personal experience, then its credibility is enhanced."*[273] Zudem konnte eine lebhafte Sprache als Einflussfaktor auf die Wahrnehmung des Lesers ausgemacht werden[274]: *„Lebhafte Informationen sind emotional interessant, konkret und erzeugen innere Bilder."*[275] Der Gebrauch von Metaphern wirkt gleich

[264] Vgl. Park & Lee (2009), S.62.
[265] Lis & Korchmar (2012), S.51.
[266] Vgl. Wiedmann et al. (2011), S.337.
[267] Cheung et al. (2012), S.627.
[268] Vgl. Cheung et al. (2009), S.16.
[269] Vgl. Lis & Korchmar (2012), S.48.
[270] Vgl. Reinmuth (2009), S.133.
[271] Vgl. Wiedmann et al. (2011), S.337.
[272] Vgl. Nawratil (1999), S.28.
[273] Schindler & Bickart (2005), S.48.
[274] Vgl. Hong & Park (2012), S.907; Otterbacher (2011), S.430.
[275] Wiedmann et al. (2011), S.337.

an mehreren Stellschrauben: eine bildhafte Sprache deutet auf einen intelligenten Kommunikator hin, erleichtert die Verständlichkeit komplexer Sachverhalte und fördert die Merkfähigkeit. Daneben lassen Metaphern den Text unterhaltsamer erscheinen und wecken Leseanreize.[276] Zuletzt wirken auch passive Satzkonstruktionen positiv auf die Glaubwürdigkeit einer Botschaft, da diese auf die Neutralität und Distanz des Rezensenten verweisen.[277]

4.3 Einflussfaktoren auf die Glaubwürdigkeit des Mediums

Nach Wathen & Burkell (2002) beurteilt der Nutzer beim erstmaligen Besuch einer Webseite zunächst die Glaubwürdigkeit des Mediums, bevor Kommunikator und Botschaft bewertet werden.[278] Fällt die erste Beurteilung negativ aus, werden die einzelnen Beiträge nicht weiter gelesen: *„If a website is not perceived as credible, it is unlikely it will be used."*[279] Da Charakteristika des Mediums insofern bei der Glaubwürdigkeitsbeurteilung von EWoM eine wesentliche Rolle spielen, sollen diese im Folgenden untersucht werden. Konkret wird dabei auf das Layout der Webseite, die Gestaltung von Nutzerprofilen, Ratingsysteme und auf den Einfluss von Benutzerfreundlichkeit und Seriosität eingegangen.[280]

Layout / Design

Ein professionelles Layout der Internetseite wirkt sich positiv auf die wahrgenommene EWoM-Glaubwürdigkeit aus.[281] In der Studie von Fogg et al. (2003) bspw. haben Probanden das Layout der Internetseite als das wichtigste Merkmal zur Glaubwürdigkeitsbeurteilung der Internetseite angesehen.[282] Das Layout wird bestimmt durch visuelle Elemente der Webseite wie Farbgebung,[283] Schriftart,[284] Schriftgröße und Bilder[285] sowie durch typografische Fehler.[286] Schon geringfügige Mängel können einen starken negativen Einfluss auf die Wahrnehmung des Rezipienten haben:[286] *„even a single spelling mistake can give the impression of 'amateurism' and lead the user to reject the site as not credible."*[287] Dass

---

[276] Vgl. Reinmuth (2009), S.136f.
[277] Vgl. Nawratil (1999), S.28.
[278] Vgl. Wathen & Burkell (2002), S.141.
[279] Robins & Holmes (2008), S. 386.
[280] Für eine detaillierte Auflistung aller analysierten Studien hinsichtlich der Glaubwürdigkeit des Mediums vgl. Anhang C.
[281] Vgl. Robins & Holmes (2008), S.390; Fogg et al. (2003), S.5; Wathen & Burkell (2002), S.141; Fogg et al. (2001), S.67.
[282] Vgl. Fogg et al. (2003), S.5.
[283] Vgl. Reichelt (2013), S.96.
[284] Vgl. Robins & Holmes (2008), S.390.
[285] Vgl. Wathen & Burkell (2002), S.141.
[286] Vgl. Fogg et al. (2001), S.67.
[287] Wathen & Burkell (2002), S.140.

das Design bei einer ersten Beurteilung einer Webseite bedeutsam ist, zeigt auch die Studie von Robins & Holmes (2008). Dabei wurde den Probanden der gleiche Inhalt auf unterschiedlich ausgestalteten Webseiten gezeigt. Festgestellt wurde, dass eine professionelle Layout-Gestaltung bei gleichem Inhalt zu einer erhöhten wahrgenommenen Glaubwürdigkeit der Internetseite führt.[288]

Gestaltung von Nutzerprofilen

Online-Rezensionen werden zumeist unter einem Pseudonym verfasst, sodass die Nutzer unbekannt bleiben. Zur besseren Einschätzung des Rezensenten werden daher weitere Informationen mittels Nutzerprofilen ergänzt.[289] Durch die Gestaltung der Nutzerprofile anhand von bspw. Profilbildern,[290] Selbstbeschreibungen,[291] Statusanzeigen[292] oder der Historie des Autors[293] kann die Anonymität zwischen den Beteiligten vermindert werden.

Hinsichtlich der Anzeige von Profilbildern konnte bereits nachgewiesen werden, dass diese einen wesentlichen Einfluss auf die wahrgenommene Glaubwürdigkeit einer Rezension haben. Durch die Anzeige von Profilbildern wird der zwischenmenschliche Aspekt betont, sodass *„consumers feel more like communicating with a real social entity“*[294]. Dabei erzeugen professionelle Profilbilder einen glaubwürdigeren Eindruck als informelle Aufnahmen.[295] Die Studie von Forman et al. (2008) bestätigt, dass sich Informationen zur Identität des Kommunikators positiv auf die Glaubwürdigkeitsbeurteilung des Rezipienten auswirken. Mittels Produkt-Reviews auf amazon.com konnte nachgewiesen werden, dass bei aufschlussreichen Nutzerprofilen die Rezensionen öfter als hilfreich bewertet wurden und sich stärker auf Produkterfolge ausgewirkt haben.[296]

Ratingsysteme

Rezensionen auf EWoM-Plattformen beinhalten neben reinen Textinformationen des Autors oftmals Bewertungen dieser Rezensionen anhand aggregierter Ratings.[297] Diese werden aus den Rezensionsbewertungen einzelner Konsumenten

---

[288] Vgl. Robins & Holmes (2008), S.397.
[289] Vgl. Reichelt (2013), S.95.
[290] Vgl. Lis et al. (2013), S. 63; Hennig-Thurau et al. (2002), S. 22; Fogg et al. (2001a), S. 2.
[291] Vgl. Otterbacher (2011), S.426.
[292] Vgl. Lis et al. (2013), S. 63.
[293] Vgl. Liu et al. (2012), S. 445.
[294] Xu (2014), S.138.
[295] Vgl. Fogg et al. (2001), S.2.
[296] Vgl. Forman et al. (2008), S.308f.
[297] Vgl. Reichelt (2013), S.98.

errechnet[298] und stellen damit eine zusätzliche Information in Form von statistischen Daten (Punkte, Sterne etc.) dar.[299] Die Plattformnutzer agieren entsprechend als *„Gutachter, die über die Güte der bisherigen Beiträge eines Users bzw. dessen Vertrauenswürdigkeit insgesamt urteilen"*[300]. Verschiedene Studien bestätigen, dass eine Beurteilung der Glaubwürdigkeit einer Botschaft häufig unter Einbeziehung dieser ergänzenden Information getroffen wird.[301]

So stellen bspw. Cheung et al. (2009) fest, dass aggregierte Ratings einen positiven Einfluss auf die wahrgenommene Glaubwürdigkeit einer EWoM-Botschaft haben.[302] Qiu & Li (2012) untersuchen in ihrer Studie zudem positive und negative Ratings auf Unterschiede hinsichtlich deren Wirkung. So wurde festgestellt, dass ein negatives Rating eines Rezensionstextes einen signifikanten Einfluss auf die Glaubwürdigkeitsbeurteilung hat. Der Einfluss eines positiven Ratings ist dagegen deutlich schwächer.[303] Dass negative Ratings eher als glaubwürdig beurteilt werden als positive Ratings, lässt sich auf eine generelle Tendenz zu positiven Bewertungen von Rezensionen zurückführen. So stellen Lis & Korchmar (2012) die Vermutung auf, dass bei einer Vielzahl positiver Ratings diese an Glaubwürdigkeit verlieren, da *„nicht davon ausgegangen werden kann, dass ein 5-Sterne Rating auch für [...] eine ausgezeichnete Qualität steht"*[304]. Somit könnten Rezensionen mit schlechten Ratings eher als glaubwürdig beurteilt werden und zu einem Überdenken des Botschaftstextes führen.

Benutzerfreundlichkeit

Die Benutzerfreundlichkeit einer Webseite, oftmals als ‚usability' bezeichnet, bezieht sich auf eine einfache und intuitive Bedienung der Internetseite.[305] Konkret wird ‚usability' definiert als *„das Maß der Effektivität, Effizienz und Zufriedenheit, mit dem Benutzer mit einem System vorgegebene Ziele erreichen können."*[306] Einfluss haben darauf vor allem Faktoren wie Download-Geschwindigkeit,[307]

---

298 Vgl. Cheung et al. (2009), S.18.
299 Vgl. Lis & Korchmar (2012), S.55; Qiu et al. (2012), S.631f.
300 Hennig-Thurau et al. (2002), S.484.
301 Vgl. Reichelt (2013), S.97; Qiu et al. (2012), S.639; Liu & Munro (2012), S.438; Lis & Korchmar (2012), S.55; Otterbacher (2011), S.425f.; Cheung et al. (2009), S.29; Abbasi et al. (2008), S.76; Dellarocas (2003), S.23ff.; Hennig-Thurau et al. (2002), S.23.
302 Vgl. Cheung et al. (2009), S.29.
303 Vgl. Qiu et al. (2012), S.639.
304 Lis & Korchmar (2012), S.57.
305 Vgl. Lee & Kozar (2012), S.453.
306 Thielsch & Jaron (2012), S.124.
307 Vgl. Wathen & Burkell (2002), S.141.

struktureller Aufbau und Lesbarkeit,[308] Hilfefunktionen oder eine leichte ‚navigability'.[309] Diese wird bezeichnet als der nötige kognitive Aufwand zur Nutzung der Webseite: *„In easily navigable websites, users know where they are at all times and where they need to go, because the way to do so is indicated appropriately."*[310] Benutzerfreundlichkeit erhöht nicht nur die Bindung des Nutzers an die Internetseite und die Wahrscheinlichkeit eines erneuten Aufsuchens der Webseite.[311] Nach Wathen & Burkell (2002) erhöht die Benutzerfreundlichkeit des Mediums zugleich dessen Glaubwürdigkeit.[312] Auch die Studie von Fogg et al. (2001) stimmt darin überein. Die Autoren argumentieren, dass eine einfache, anwenderfreundliche Internetseite als glaubwürdiger wahrgenommen wird als *„a site that has extravagant features but is lacking in usability"*[313].

Seriosität

Ein weiterer Einflussfaktor auf die Glaubwürdigkeitsbeurteilung einer Webseite ist deren Seriosität. Ein seriöser Internetauftritt wird von Konsumenten anhand mehrerer Kriterien beurteilt. Zum einen evaluieren Konsumenten die Seriosität einer Webseite anhand ihres Bekanntheitsgrades bzw. ihrer Reputation. Bereits etablierte, angesehene Internetseiten werden eher akzeptiert als unbekannte Seiten.[314] Park & Lee (2009) sehen den Grund dafür in den niedrigen Zugangsbeschränkungen und fehlenden Informationsregulatoren im Web.[315]

Zudem weisen mehrere Studien darauf hin, dass die Einbindung externer, unternehmensfremder Werbeanzeigen auf EWoM-Seiten vom Konsumenten als unseriös wahrgenommen wird und sich negativ auf die Glaubwürdigkeitsbeurteilung des Mediums auswirkt.[316] So bestätigen bspw. De Maeyer & Estelami (2011), dass Konsumenten EWoM-Plattformen ohne Werbeanzeigen mehr Vertrauen entgegenbringen. Die Autoren weisen darauf hin, dass Konsumenten die Integration von Werbeanzeigen mit einer finanziellen Unterstützung der Plattformbetreiber durch den Werbetreibenden verbinden. Monetäre Zuwendungen könnten

---

[308] Vgl. Lee & Kozar (2012), S.453.
[309] Vgl. Fogg et al. (2001), S.67.
[310] Vila & Kuster (2011), S.167.
[311] Vgl. Lee & Kozar (2012), S.450.
[312] Vgl. Wathen & Burkell (2002), S.141.
[313] Fogg et al. (2001), S.67.
[314] Vgl. Fogg et al. (2003), S.7.
[315] Vgl. Park & Lee (2009), S.62.
[316] Vgl. De Maeyer & Estelami (2011), S.1072; Hong (2006), S.117; Fogg et al. (2003), S.7; Wathen & Burkell (2002), S.139; Fogg et al. (2001), S.67; Fogg et al. (2001), S.2.

eine Beeinflussung des Plattformbetreibers vermuten lassen, was konsumentenseitig zu Zweifeln an Unabhängigkeit und Objektivität der Ratings führen könnte.[317]

Die Transparenz einer Webseite stellt ein weiteres Kriterium zur Bewertung einer seriösen EWoM-Plattform dar. Gerade im Internet wird Transparenz eine große Bedeutung beigemessen, *„da die Komplexität des Mediums aus Kundensicht und die weiten Manipulationsmöglichkeiten den Vertrauensaufbau erschweren."*[318] Transparenz bezieht sich sowohl auf die Bereitschaft des Plattformbetreibers, wahrheitsgemäße Informationen über die Website zu veröffentlichen, als auch auf eine offene Kommunikation in Bezug auf den Umgang mit gespeicherten Inhalten und Daten.[319] Ein offener Zugang zu Informationen in Bezug auf die Handhabung von Beiträgen, Aufbau von Ratingsystemen etc. unterstützt den Vertrauensaufbau des Konsumenten gegenüber dem Plattformbetreiber.[320]

Zuletzt bezieht sich die Seriosität einer Webseite auch auf Monitoring-Tätigkeiten des Plattformbetreibers.[321] Konsumenten empfinden eine EWoM-Plattform als glaubwürdiger, sofern der Plattformbetreiber als Kontrollinstanz fungiert und falsche Aussagen identifiziert und löscht.[322] Die Seriosität einer EWoM-Plattform kann folglich als ein weiterer Einflussfaktor auf die Glaubwürdigkeitsbeurteilung des Mediums gezählt werden.

4.4 Gesamtergebnis

In den vorangegangenen Unterkapiteln wurden diejenigen Faktoren ermittelt, die Einfluss auf die rezipientenseitige Glaubwürdigkeitsbeurteilung von EWoM haben. Damit kann das in Kapitel 0 aufgestellte Modell um die untersuchten Einflussfaktoren erweitert werden.

Die Glaubwürdigkeitsbeurteilung wird als eine Komponente der verschiedenen Wirkungsweisen gesehen, die beim Rezipienten auftreten. Sie wird ferner von Kontextfaktoren und den Rezipienten selbst betreffenden Faktoren beeinflusst. Diese treten als Moderator-Effekte auf und wurden in der vorliegenden Arbeit nicht näher betrachtet. Die vom Rezipienten wahrgenommene Glaubwürdigkeit

[317] Vgl. De Maeyer & Estelami (2011), S.1072.
[318] Hennig-Thurau et al. (2002), S.24.
[319] Vgl. Vila et al. (2011), S.167 ; Fogg et al. (2002), S.10; Fogg et al. (2001), S.64.
[320] Vgl. Hennig-Thurau et al. (2002), S.25.
[321] Vgl. Lis & Korchmar (2012), S.66; Yang et al. (2009), S.1308; Abbasi et al. (2008), S.50; Dellarocas (2003), S.1418f.; Hennig-Thurau et al. (2002), S.24.
[322] Vgl. Hennig-Thurau et al. (2002), S.24.

von EWoM hängt dem aufgebauten Modell folgend vom Kommunikator, der Botschaft sowie vom Medium ab (s. Abb. 5).

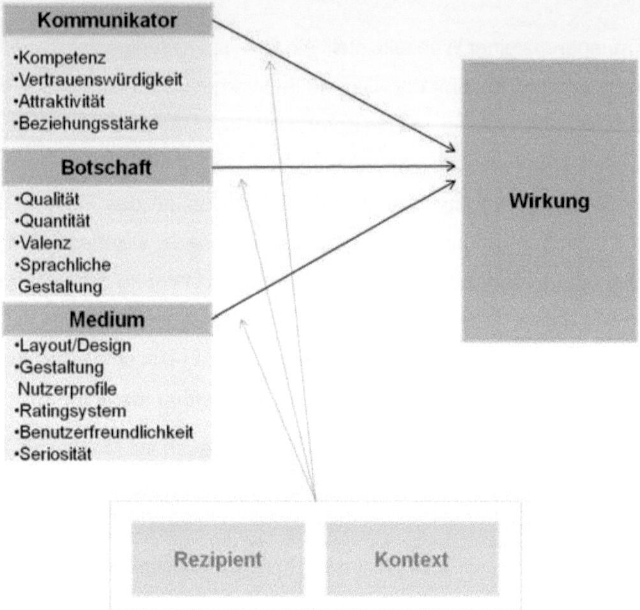

Abbildung 5: Einflussfaktoren auf die Glaubwürdigkeit von EWoM seitens des Kommunikators, der Botschaft und des Mediums[323]

Im Rahmen der Kommunikator-Glaubwürdigkeit kann festgestellt werden, dass hinsichtlich Kompetenz und Vertrauenswürdigkeit die Erkenntnisse der klassischen Glaubwürdigkeitsforschung übernommen werden können.[324] Beide Faktoren gelten übereinstimmend als zwei der wichtigsten Einflussfaktoren auf die Glaubwürdigkeitsbeurteilung des Rezipienten. Empfänger einer Botschaft sehen diese als umso glaubwürdiger an, je höher die wahrgenommene Kompetenz und Vertrauenswürdigkeit des Kommunikators ist.[325] Die Attraktivität des Kommunikators bezieht sich vor allem auf die vom Rezipienten wahrgenommene Homophilie zwischen sich selbst und dem Kommunikator.[326] Manche Autoren halten diesen Faktor als nicht übertragbar von der Offline- auf die Online-Welt bedingt

---

[323] Eigene Darstellung.
[324] Vgl. Lis & Korchmar (2012), S.60.
[325] Vgl. Ayeh et al. (2013), S.439; Lis (2013), S.130; Martin & Lueg (2013), S.803; Reichelt (2013), S.86; Willemsen et al. (2012), S.17; Lis & Korchmar (2012), S.35; Wiedmann et al. (2011), S.333.
[326] Vgl. Reichelt (2013), S.88.

durch deren anonyme Kommunikation.[327] Die Mehrzahl an Studien bestätigt jedoch einen positiven Einfluss von Attraktivität auf die wahrgenommene Glaubwürdigkeit im EWoM-Kontext.[328] So suchen Rezipienten in den schriftlichen Beiträgen nach Übereinstimmungen mit der eigenen Persönlichkeit.[329] Die Beziehungsstärke zwischen Kommunikator und Empfänger ist einer der wesentlichen Unterschiede zwischen WoM und EWoM. Durch die zumeist nur schwachen Bindungen zwischen den beiden Kommunikationsteilnehmern wurden in Kapitel 2.2.3 einige Herausforderungen hinsichtlich der Glaubwürdigkeitsbeurteilung ausgemacht. Verschiedene Studien konnten jedoch zeigen, dass sich diese Umstände nicht negativ auf die Glaubwürdigkeitsbeurteilung des Rezipienten auszuwirken scheinen.[330]

Auch in Bezug auf die Botschaft konnten verschiedene Faktoren ausgemacht werden, welche die Glaubwürdigkeit von EWoM beeinflussen. Einen dieser Faktoren stellt die Qualität der Botschaft dar. Diese beinhaltet Elemente wie Relevanz, Aktualität, Detailgrad und Verständlichkeit von Informationen.[331] Je qualitativ hochwertiger die EWoM-Botschaften sind, desto eher werden diese als glaubwürdig wahrgenommen.[332] Auch die Menge an weiteren Rezensionen beeinflusst die Glaubwürdigkeitsbeurteilung der einzelnen Rezension.[333] Hinsichtlich der Quantität der EWoM-Botschaften wurde ferner festgestellt, dass Meinungen, die von einer Mehrheit vertreten werden, eher Glauben geschenkt wird als solchen von einer Minderheit.[334] Die Ergebnisse der Analyse deuten weiterhin darauf hin, dass negative Informationen von Konsumenten tendenzielle eher als glaubwürdig beurteilt werden als positive.[335] Enthält eine EWoM-Botschaft überdies sowohl positive als auch negative Informationen, wird sie tendenziell als glaubwürdiger empfunden als eine rein einseitige Argumentation.[336] Zuletzt wurde im Rahmen der Botschafts-Glaubwürdigkeit auch der Einfluss der sprachlichen Gestaltung untersucht. Fachtermini, passive Satzkonstruktionen sowie

---

[327] Vgl. Wiedmann et al. (2011), S.344; Cheung et al. (2009), S.16.
[328] Vgl. Lis (2013), S.131; Fan & Miao (2012), S.178; Steffes & Burgee (2009), S.57; Smith et al. (2005), S.21.
[329] Vgl. Lis & Korchmar (2012), S.39.
[330] Vgl. Steffes & Burgee (2009), S.53; Vilpponen et al. (2006), S.73.
[331] Vgl. Cheung & Thadani (2012), S.463.
[332] Vgl. Fan et al. (2013), S.59ff.; Yi et al. (2013), S.286; Scholz & Dorner (2013), S.137ff.; Jiménez & Mendoza (2013), S.228; Cheung et al. (2012), S.621; Cheung & Thadani (2012), S.464ff.
[333] Vgl. Fan et al. (2013), S.58f.; Park & Kim (2009), S.404; Sher & Lee (2009), S.143; Park et al. (2007), S.128.
[334] Vgl. Tong & Zhong (2009), S.521; Doh & Hwang (2009), S.194ff.
[335] Vgl. Lee & Koo (2012), S.1981; Bae & Lee (2011), S.210; Doh & Hwang (2009), S.195 ff.; Park & Lee (2009), S.65.
[336] Vgl. Wiedmann et al. (2011), S.337; Cheung et al. (2012), S.627.

eine lebhafte und bildhafte Sprache wirken sich positiv auf die Glaubwürdigkeit einer Botschaft aus;[337] Fehlern in der Rechtschreibung dagegen wurde ein negativer Einfluss nachgewiesen.[338]

Zuletzt wurden die wesentlichen Faktoren ausgemacht, welche die Glaubwürdigkeit des Mediums ausmachen. Das Layout, welches durch visuelle Elemente der Webseite bestimmt wird, wurde in einer Studie sogar als das wichtigste Merkmal zur Glaubwürdigkeitsbeurteilung der Seite eingeschätzt.[339] Durch die Gestaltung von Nutzerprofilen durch bspw. Profilbilder und Selbstbeschreibungen[340] kann die Anonymität im Online-Kontext reduziert werden. Solche Informationen zur Identität des Kommunikators führen nicht nur zu einer besseren Einschätzung seitens des Rezipienten, sondern wirken sich ebenso positiv auf dessen Glaubwürdigkeitsbeurteilung aus.[341] Können EWoM-Botschaften zudem mittels Ratingsystemen von anderen Nutzern bewertet werden, stehen dem Rezipienten zusätzliche Informationen für eine Glaubwürdigkeitsbeurteilung zur Verfügung.[342] Dabei werden negative Ratings eher als glaubwürdig beurteilt als positive Ratings.[343] Ein weiterer Faktor, der zur Beurteilung des Mediums einbezogen wird, ist die Benutzerfreundlichkeit der Internetseite. Eine möglichst einfache und intuitive Bedienung der Seite wirkt sich positiv auf die Einschätzung ihrer Glaubwürdigkeit aus.[344] Schließlich wurde die Glaubwürdigkeitsbeurteilung des Mediums auch anhand dessen Seriosität ausgemacht. Ein seriöser Internetauftritt wird anhand von Kriterien wie Reputation oder Anzahl der Werbeanzeigen ausgemacht.[345] Zudem wirken Plattformenbetreiber seriöser, wenn sie Informationen über das Unternehmen und über den Umgang mit Daten transparent gestalten[346] und über Monitoring-Systeme verfügen.[347] Damit stellt die Seriosität ein weiteres Beurteilungskriterium der Glaubwürdigkeit des Mediums dar.

5. Schlussbetrachtung und Forschungsausblick

Durch die steigende Internetnutzung informieren sich Verbraucher vor Kaufentscheidungen immer häufiger im Internet. Vor allem der Informationsaustausch

---

337 Vgl. Otterbacher (2011), S.430; Reinmuth (2009), S.136f.; Nawratil (1999), S.28.
338 Vgl. Wiedmann et al. (2011), S.337.
339 Vgl. Fogg et al. (2003), S.5.
340 Vgl. Reichelt (2013), S.95; Lis & Horst (2013), S.63.
341 Vgl. Forman et al. (2008), S.308f.
342 Vgl. Reichelt (2013), S.98.
343 Vgl. Qiu et al. (2012), S.631f.
344 Vgl. Vila & Kuster (2011), S.167; Wathen & Burkell (2002), S.141.
345 Vgl. De Maeyer & Estelami (2011), S.1072; Park & Lee (2009), S.62; Fogg et al. (2003), S.7.
346 Vgl. Vila & Kuster (2011), S.167;Hennig-Thurau et al. (2002), S.25.
347 Vgl. Lis & Korchmar (2012), S.66; Yang et al. (2009), S.1308.

zwischen Konsumenten durch EWoM erlangt zunehmend an Bedeutung. Da der Glaubwürdigkeitsaspekt im EWoM-Kontext eine entscheidende Rolle spielt, widmete sich die vorliegende Arbeit dieser Thematik.

In einem ersten Schritt wurden dazu das Konstrukt der Glaubwürdigkeit sowie die Kommunikationsform des EWoM auf konzeptioneller und theoretischer Ebene behandelt. In einem zweiten Schritt wurde basierend auf mehreren Forschungsansätzen ein Modell hergeleitet, welches den Kommunikationsprozess von EWoM darstellt. Dieses konnte in einem dritten und letzten Schritt durch eine Analyse bestehender Literatur um die Einflussfaktoren auf die EWoM-Glaubwürdigkeit erweitert werden. Damit konnte in dieser Arbeit ein wesentlicher Beitrag zum Verständnis geleistet werden, anhand welcher Faktoren eine EWoM-Botschaft vom Empfänger als glaubwürdig beurteilt werden.

Hinsichtlich weiteren Forschungsbedarfs sollte das aufgestellte Modell zunächst empirisch getestet und die angenommenen Einflussfaktoren auf die EWoM-Glaubwürdigkeit somit validiert werden. Zudem wurde in dem hier betrachteten Modell keine gegenseitige Beeinflussung der Komponenten Kommunikator, Botschaft und Medium angenommen. An diesem Punkt könnte weitere Forschung ansetzen und mögliche Interaktionseffekte zwischen den Komponenten genauer konzeptualisieren und anschließend testen. In diesem Zusammenhang könnte auch eine mögliche Interaktion mit den beiden hier nicht behandelten Komponenten Rezipient und Kontext geprüft werden. Weiterer Forschung bedarf es zudem bezüglich des Einflusses der sozialen Beziehungsstärke auf die EWoM-Glaubwürdigkeitsbeurteilung. Bislang wurde dies in nur wenigen Studien untersucht. Ob die fehlenden sozialen Bindungen im Online-Kontext tatsächlich keinen negativen Einfluss auf die Glaubwürdigkeitsbeurteilung des EWoM-Lesers haben, gilt es weiter zu erforschen. Zuletzt wurde im Rahmen der EWoM-Forschung bislang vorwiegend die Glaubwürdigkeitsbeurteilung von Online-Plattformen untersucht. Daher sollten weitere EWoM-Formen, die in Blogs oder sozialen Netzwerken auftreten, verstärkt auf den Aspekt der Glaubwürdigkeit hin untersucht werden.

Anhang

Anhang A: Glaubwürdigkeitsforschung – Ein Überblick[348]

Ermittelte Dimensionen in der empirischen Glaubwürdigkeitsforschung

Dimensionen \ Untersuchungen	Baudhuin& Davis 1972	Baudhuin& Davis 1972	Berlo et al. 1969	Bowers & Phillips 1967	Deimling et al 1993	Falcione 1974	Gaziano & McGrath 1986	Lee 1978	Lee1978	Lee1978	Lee 1978	Markham 1968	McCain et al. 1977	McCroskey 1966	McCroskey et al 1974	McCroskey&Jenson 1975	Meyer 1988	Mosier & Ahlgren 1981	Newell & Goldsmith 2001	Ohanian 1993	Raman & Haley 1997	Salwen 1987	Simpson & Kahler 1981	Singletary 1976	Tuppen 1974	Vandenbergh et al. 1981	White 1990	Whitehead 1968
accuracy																		X										
affiliation																	X											
articulation																									X			
attraction																									X			X
attractiveness																					X							
authoritativeness	X	X												X														
availability																												
believability																	X	X					X					
believability/honesty									X										X									
bias										X																		
character													X	X	X	X												
charisma																									X			
clarity																		X				X						
competence				X		X							X		X	X										X		X
competitiveness																										X		
composure													X		X	X												
co-orientation																									X			
credibility							X																					
dynamism			X						X	X		X											X		X		X	X
dynamism/expertness											X																	
emotional stability						X																						
esteem	X																											
ethik					X																							
expertise																			X	X		X			X			
expertness								X															X					
extroversion						X									X	X												
familiarity																										X		
good dimension																					X							
hostility																								X				
immediacy/intimacy											X																	
Informationsqualität					X																							
interp.attractiveness	X	X																										
intimacy							X	X	X																			
knowledge ability																								X				
likeability/attractiveness																										X		
objectivity																						X					X	X
personal integrity	X																											
presentation																											X	
prestige																										X		
qualification			X																									
reliable/logical factor												X																
role model dimension																					X							
safety			X			X																						
smart dimension																					X							
sociability													X		X	X							X					
stability																									X			X
taste/progressive																											X	
trustworthiness																		X		X		X		X	X	X	X	X
trustworthiness /authenticity																X	X											

348 Eigene Darstellung in Anlehnung an Eisend (2003), S.60.

Forschungsbereiche der Glaubwürdigkeitsbeurteilung

Forschungsperspektiven der Glaubwürdigkeitsbeurteilung[349]

Forschungs-perspektive	Erkenntnis-interesse	Untersuchungs-gegenstand	Beispiele
Verhaltens-orientiert	Täu-schungs-verhalten	nonverbales Verhalten	Mimik, Gestik, Blickkontakt, Lidschlag, Körperbewegungen, Achselzucken, Pupillenveränderung
		Extralinguistisches Verhalten	Stimmhöhe, Antwortlänge, Reaktionszeit, Sprechgeschwindigkeit, Sprechstörungen und -verzögerungen
		Strukturelle Aussagenmerkmale	Logische Konsistenz, plausible Darstellung, Selbstreferenzen, irrelevante Details
		Psychophysiologische Merkmale	Blutdruck, Herzfrequenz, Atemtiefe, Hautwiderstand
Inhaltsorientiert bzw. forensisch	Wahrheit von Zeugenaussagen	Inhaltliche Merkmale der Aussage	Widerspruchsfreiheit, Detailreichtum, Homogenität der Aussage, Schilderung von Gefühlen, Freud'sche Versprecher, Übereinstimmung mit anderen Zeugenaussagen
Quellen / kontextorientiert		Merkmale des Kommunikators	Kompetenz, Vertrauenswürdigkeit, Ähnlichkeit

[349] Eigene Darstellung in Anlehnung an Kohring (2004), S.18f.; Eisend (2003), S.92ff.; Nawratil (1997), S.22ff; Köhnken (1990), S.8ff.

		Merkmale des Kontexts	Informationen zur Beeinflussungsabsicht, physische Umgebung
	Glaubwürdigkeit einer Botschaft	Merkmale der Botschaft	*Stilistische Merkmale* (Fachsprache, Metaphern, Vergleiche, Verstehbarkeit, Sachlichkeit) *Inhaltliche Merkmale* (Verweise auf Personen/ Tatsachen, Transparenz der Quelle) *Strukturelle Merkmale* (Valenz der Aussage)
		Merkmale des Rezipienten	Ängstlichkeit, Erfahrung, Vorwissen
		Merkmale des Mediums	Optische Komponente, Aktualität/Vollständigkeit der Berichterstattung, Interesse am Leser

Anhang B: Forschungsstand zu Electronic Word-of-Mouth

Überblick über Definitionen von Word-of-Mouth[350]

Autor/Jahr	Definition Word-of-Mouth
Arndt (1967), S.190	*"[…] oral, person-to-person communication between a perceived non-commercial communicator and a receiver concerning a brand, a product or a service offered for sale."*
Westbrook (1987), S.261	*"[…] informal communications directed at other consumers about the ownership, usage, or characteristics of particular goods and services and/or their sellers."*

350 Eigene Darstellung

Tax et al. (1993), S.74	*"[…] WOM refers to informal communication, both positive and negative, between consumers about characteristics of a business and/or its goods and services."*
Stern (1994), S.7	*"[…] exchange of ephemeral oral or spoken messages […] between a contiguous source and a recipient who communicate directly in real life."*
Bone (1995), S.213	*"[…] interpersonal communication in which none of the participants are marketing sources […]."*
Anderson (1998), S.6	*"[…] informal communications between private parties concerning evaluations of goods and services."*
Ennew et al. (2000), S.78	*"[…] verbal communications (either positive or negative) between groups such as the product provider, independent experts, family and friends and the actual or potential consumer."*
Brown et al. (2005), S.125	*"[…] any information about a target object (e.g. company, brand) transferred from one individual to another either in person or via some communication medium."*
Brown et al. (2007), S.7	*"WOM is a consumer-dominated channel of marketing communication where the sender is independent of the market."*
WOMMA (2007), S.1	*"[…] The act of consumers providing information to other consumers."*
Litvin et al. (2008), S.3	*"[…] the communication between consumers about a product, service, or a company in which the sources are considered independent of commercial influence"*
East et al. (2008), S.215	*"[…] Word of mouth (WOM) is informal advice passed between consumers. It is usually interactive, swift, and lacking in commercial bias."*
Chu & Kim (2011), S. 48	*"[…] act of exchanging marketing information among consumers"*

Goyette et al. (2010), S.9	*"[…] a verbal informal communication occurring in person, by telephone, email, mailing list or any other communication method regarding a service or a good."*
Munzel (2013), S.23	*"[…] Ephemeral person-to-person communication between two or more individuals (mainly personally known to each other) about a commercially related target object."*

Anhang C: Glaubwürdigkeit von Electronic Word-of-Mouth

Komponenten des EWoM-Kommunikationsprozesses aus verschiedenen Forschungsperspektiven[351]

Ansatz	Autor	Komponenten					
		Kommunikator	Botschaft	Rezipient	Medium	Kontext	Wirkung
Kommunikationstheorie	Lasswell (1948)	x	x	x	x		x
	Hovland (1948)	x	x	x			x
Glaubwürdigkeitstheorie	Köhnken (1990)	x	x	x		x	
	Nawratil (1999)	x	x	x		x	
	Schweiger (2000)	x	x		x		
	Wathen & Burkell (2002)	x	x	x	x	x	
	Eisend (2003)	x	x	x	x	x	

[351] Eigene Darstellung

EWoM Glaubwürdigkeitsforschung	Cheung & Thadani (2012)	x	x	x		x	x

Determinanten der Glaubwürdigkeit des **Kommunikators**

Übersicht über Studien hinsichtlich der Determinanten der Glaubwürdigkeit des Kommunikators[352]

Autor (Jahr)	Titel	Einflussfaktoren			
		Kompetenz	Vertrauenswürdigkeit	Attraktivität	Beziehungsstärke
Ayeh et al. (2013)	"Do We Believe in TripAdvisor?" Examining Credibility Perceptions and Online Travelers' Attitude toward Using User-Generated Content	x	x		
Bansal & Voyer (2000)	Word-of-mouth processes within a service purchase decision context	x	x		
Brown et al. (2007)	Word of mouth communication within online communities: Conceptualizing the online social network	x	x	x	
Burton & Khammash (2010)	Why do people read reviews posted on consumer-opinion portals?	x	x		
Cheung et al. (2008)	The impact of Electronic word-of-mouth: The adoption of online opinions in online customer communities	x	x		

352 Eigene Darstellung

Cheung et al. (2009)	Credibility of Electronic word-of-mouth: Informational and normative determinants of on-line consumer recommendations	x	x	x	
Cheung & Thadani (2010)	The effectiveness of Electronic word-of-mouth communication: A literature analysis	x	x		
Cheung & Thadani (2012)	The impact of Electronic word-of-mouth communication: A literature analysis and integrative model	x	x		x
Chu & Kamal (2008)	The effect of perceived blogger credibility and argument quality on message elaboration and brand attitudes: an exploratory study		x	x	
Fan & Miao (2012)	Effect of Electronic Word-of-Mouth on Consumer Purchase Intention: The Perspective of Gender Differences	x		x	
Huang & Chen (2006)	Herding in online product choice	x	x		
Kiecker & Cowles (2002)	Interpersonal communication and personal influence on the Internet: A framework for examining online word-of-mouth	x	x	x	
Lis (2013)	In EWoM We Trust	x	x	x	
Lis & Korchmar (2012)	Digitales Empfehlungsmarketing: Konzeption, Theorien und Determinanten zur Glaubwürdigkeit des Electronic Word-of-Mouth (EWOM)	x	x	x	x
Martin & Lueg (2013)	Modeling word-of-mouth usage	x	x		

Reichelt et al. (2014)	How credibility affects EWoM reading: The influences of expertise, trustworthiness, and similarity on utilitarian and social functions			x	
Reichelt (2013)	Informationssuche und Online Word-of-Mouth: eine empirische Analyse anhand von Diskussionsforen	x	x	x	
Senecal & Nantel (2004)	The influence of online product recommendations on consumers' online choices	x	x		
Smith et al. (2005)	Online peer and editorial recommendations, trust, and choice in virtual markets	x	x	x	
Steffes & Burgee (2009)	Social ties and online word of mouth			x	x
Vilpponen et al. (2006)	Electronic Word-of-Mouth in Online Environments: Exploring Referral Networks Structure and Adoption Behavior				x
Wangenheim & Bayon (2004)	The effect of word of mouth on services switching: measurement and moderating variables	x		x	
Wiedmann et al. (2011)	Welche Kundenrezensionen werden gelesen?	x	x	x	
Willemsen et al. (2012)	The ironic effect of source identification on the perceived credibility of online product reviewers	x	x		
Yi et al. (2013)	Untangling the antecedents of initial trust in Web-based health information: The roles of argument quality, source expertise, and user perceptions of information quality and risk	x			

Determinanten der Glaubwürdigkeit der **Botschaft**

Übersicht über Studien hinsichtlich der Determinanten der Glaubwürdigkeit der Botschaft[353]

Autor (Jahr)	Titel	Einflussfaktoren			
		Qualität	Quantität	Valenz	Sprachliche Gestaltung
Ahluwalia (2000)	Examination of psychological processes underlying re-sistance to persuasion			x	
Awad & Ragowsky (2008)	Establishing trust in Elec-tronic commerce through online word of mouth: An ex-amination across genders	x			
Bae &Lee (2011)	Gender differences in con-sumers' perception of online consumer reviews			x	
Chen & Tseng (2011)	Quality evaluation of product reviews using an information quality framework	x			
Cheung et al. (2007)	How do people evaluate Electronic word-of-mouth? Informational and normative based determinants of per-ceived credibility of online consumer recommendations in China	x		x	
Cheung et al. (2008)	The impact of Electronic word-of-mouth: The adoption of online opinions in online customer communities	x			
Cheung et al. (2009)	Credibility of Electronic word-of-mouth: Informational and normative determinants of	x		x	

[353] Eigene Darstellung

	on-line consumer recommendations				
Cheung & Thadani (2012)	The impact of Electronic word-of-mouth communication: A literature analysis and integrative model	x	x	x	
Cheung et al. (2012)	Is This Review Believable? A Study of Factors Affecting the Credibility of Online Consumer Reviews from an ELM Perspective	x		x	
Chevalier & Mayzlin (2006)	The effect of word of mouth on sales: Online book reviews			x	
Chu & Kamal (2008)	The effect of perceived blogger credibility and argument quality on message elaboration and brand attitudes: an exploratory study	x			
Doh & Hwang (2009)	How consumers evaluate EWoM (Electronic word-of-mouth) messages			x	
Fan et al. (2013)	Establishing the Adoption of Electronic Word-of-Mouth through Consumers' Perceived Credibility	x	x		
Flanagin & Metzger (2013)	Trusting expert-versus user-generated ratings online: The role of information volume, valence, and consumer characteristics		x	x	
Ghose & Ipeirotis (2011)	Estimating the helpfulness and economic impact of product reviews: Mining text and reviewer characteristics	x			
Hong & Park (2012)	Computer-mediated persuasion in online reviews: Statistical versus narrative evidence			x	x

Jiménez & Mendoza (2013)	Too Popular to Ignore: The Influence of Online Reviews on Purchase Intentions of Search and Experience Products	x			
Lee & Koo (2012)	Effects of attribute and valence of e-WOM on message adoption: Moderating roles of subjective knowledge and regulatory focus			x	
Lee & Youn (2009)	Electronic word of mouth (EWoM): How EWoM platforms influence consumer product judgement			x	
Lee & Lee (2009)	Understanding the product information inference process in Electronic word-of-mouth: An objectivity–subjectivity dichotomy perspective	x			
Lis & Korchmar (2012)	Digitales Empfehlungsmarketing: Konzeption, Theorien und Determinanten zur Glaubwürdigkeit des Electronic Word-of-Mouth (EWOM)	x		x	x
Lis (2013)	In EWoM We Trust			x	
Nekmat & Gower (2012)	Effects of Disclosure and Message Valence in Online Word-of-Mouth (EWoM) Communication: Implications for Integrated Marketing Communication			x	
Ong (2011)	Online Shoppers' Perceptions and Use of Comparison-Shopping Sites: An Exploratory Study		x	x	
Park & Lee (2009)	Information direction, website reputation and EWoM effect: A moderating role of product type			x	

Park & Kim (2009)	The effects of consumer knowledge on message processing of Electronic word-of-mouth via online consumer reviews		x		
Park et al. (2007)	The effect of online consumer reviews on consumer purchasing intention: The moderating role of involvement	x	x		
Pollach (2006)	Electronic word of mouth: a genre analysis of product reviews on consumer opinion web sites				x
Qiu et al. (2012)	Effects of conflicting aggregated rating on EWoM review credibility & diagnosticity: The moderating role of review valence			x	
Reinmuth (2009)	Vertrauen und Wirtschaftssprache: Glaubwürdigkeit als Schlüssel für erfolgreiche Unternehmenskommunikation				x
Schindler & Bickart (2005)	Published word of mouth: Referable, consumer-generated information on the Internet			x	x
Scholz & Dorner (2013)	Das Rezept für die perfekte Rezension?	x			
Sen & Lerman (2007)	Why are you telling me this? An examination into negative consumer reviews on the web.			x	
Sher & Lee (2009)	Consumer skepticism & online reviews		x		
Tong & Zhong (2009)	Are We Trapped by Majority Influences in Electronic Word-of-Mouth?		x		

Wathen & Burkell (2002)	Believe it or not: Factors influencing the credibility in web	x			
Wiedmann et al. (2011)	Welche Kundenrezensionen werden gelesen?	x		x	x
Xiaofen & Yiling (2009)	The impacts of online word-of-mouth on consumer's buying intention on apparel: An empirical study	x			
Yi et al. (2013)	Untangling the antecedents of initial trust in Web-based health information: The roles of argument quality, source expertise, & user perceptions of information quality & risk	x			
Zhang & Watts (2008)	Capitalizing on Content: Information Adoption in Two Online communities	x			

Determinanten der Glaubwürdigkeit des **Mediums**

Übersicht über Studien hinsichtlich der Determinanten der Glaubwürdigkeit des Mediums[354]

Autor (Jahr)	Titel	Einflussfaktoren				
		Layout/Design	Gestaltung der Nutzerprofile	Ratingsystem	Benutzerfreundlichkeit	Seriosität
Abbasi et al. (2008)	Stylometric identification in Electronic markets: Scalability & robustness			x		
Cheung et al. (2009)	Credibility of Electronic word-of-mouth: Informational & normative determinants of on-line consumer recommendations			x		

[354] Eigene Darstellung

Dellarocas (2003)	The digitization of word of mouth: Promise & challenges of online feedback mechanisms		x	x		
De Maeyer & Estelami (2011)	Consumer perceptions of third party product quality ratings					x
Fogg et al. (2001)	What makes Web sites credible? A report on a large quantitative study	x			x	x
Fogg et al. (2001)	Web credibility research: a method for online experiments & early study results		x			x
Fogg et al. (2003)	How do users evaluate the credibility of Web sites? A study with over 2,500 participants	x			x	x
Forman et al. (2008)	Examining the relationship between reviews & sales: The role of reviewer identity disclosure in Electronic markets		x			
Hennig-Thurau et al. (2002)	Vertrauen in Kundenartikulationen auf virtuellen Meinungsplattformen		x	x		x
Hong (2006)	The influence of structural & message features on Web site credibility					x
Lee & Kozar (2012)	Understanding of website usability: Specifying & measuring constructs & their relationships				x	
Lis & Korchmar (2012)	Digitales Empfehlungsmarketing		x	x		
Liu & Munro (2012)	Systematic analysis of centralized online reputation systems		x	x		

Otterbacher (2011)	Being Heard in Review Communities: Communication Tactics & Review Prominence		x	x		
Park & Lee (2009)	Information direction, website reputation & EWoM effect: A moderating role of product type					x
Qiu et al. (2012)	Effects of conflicting aggregated rating on EWoM review credibility & diagnosticity: The moderating role of review valence		x	x		
Rains & Karmikel (2009)	Health information-seeking & perceptions of website credibility: Examining Web-use orientation, message characteristics, & structural features of websites		x		x	x
Reichelt (2013)	Informationssuche und Online Word-of Mouth: eine empirische Analyse anhand von Diskussionsforen	x		x		
Robins & Holmes (2008)	Aesthetics & credibility in web site design	x				
Thielsch & Jaron (2012)	Das Zusammenspiel von Website-Inhalten, Usability und Ästhetik	x				x
Tong & Zhong (2009)	Are We Trapped by Majority Influences in Electronic Word-of-Mouth?				x	
Vila & Kuster (2011)	Consumer feelings & behaviours towards well designed websites	x			x	
Wathen & Burkell (2002)	Believe it or not: Factors influencing credibility on the Web	x	x		x	

Yang et al. (2009)	Defending online reputation systems against collaborative unfair raters through signal modeling & trust		x			

Literaturverzeichnis

Abbasi, A., Chen, H., & Nunamaker, J. F. (2008). Stylometric identification in electronic markets: Scalability and robustness. *Journal of Management Information Systems, 25*(1), S.49-78.

Ahluwalia, R. (2000). Examination of psychological processes underlying resistance to persuasion. *Journal of Consumer Research, 27*(2), S.217-232.

Allensbach, I. f. D. (2011). *ACTA 2011: Trends im E-Commerce und soziale Netze als Markenplattform.* Verfügbar unter http://www.ifd-allensbach.de/fileadmin/ACTA/ACTA_Praesentationen/2011/ACTA2011_deSombre.pdf, abgerufen am: 06.06.2014.

Anderson, E. W. (1998). Customer satisfaction and word of mouth. *Journal of Service Research, 1*(1), S.5-17.

Arndt, J. (1967). Word-of-Mouth Advertising and Informal Communication. In Cox, D. (Hrsg.), *Risk Taking and Information Handling in Consumer Behavior*. Boston: Harvard University. S.188-239.

Awad, N. F., & Ragowsky, A. (2008). Establishing trust in electronic commerce through online word of mouth: An examination across genders. *Journal of Management Information Systems, 24*(4), S.101-121.

Ayeh, J. K., Au, N., & Law, R. (2013). "Do We Believe in TripAdvisor?" Examining Credibility Perceptions and Online Travelers' Attitude toward Using User-Generated Content. *Journal of Travel Research, 52*(4), S.437-452.

Bae, S., & Lee, T. (2011). Gender differences in consumers' perception of online consumer reviews. *Electronic Commerce Research, 11*(2), S.201-214.

Bansal, H. S., & Voyer, P. A. (2000). Word-of-mouth processes within a services purchase decision context. *Journal of Service Research, 3*(2), S.166-177.

Barney, J. B., & Hansen, M. H. (1994). Trustworthiness as a source of competitive advantage. *Strategic Management Journal, 15*(1), S.175-190.

Beltramini, R. F., & Evans, K. R. (1985). Perceived believability of research results information in advertising. *Journal of Advertising, 14*(3), S.18-31.

Bentele, G. (1988). *Objektivität und Glaubwürdigkeit von Medien*. Berlin: Freie Universität Berlin.

Bentele, G. (1998). Politische Kommunikation in der demokratischen Gesellschaft. Berlin: Springer.

Bentele, G., & Seidenglanz, R. (2008). Trust and credibility - Prerequisites for communication management. In Zerfass, A., Ruler, B., Sriramesh, K.

(Hrsg.), *Public Relations Research*, Wiesbaden: VS Verlag für Sozialwissenschaften. S.49-62.

Berger, J., & Iyengar, R. (2013). Communication channels and word of mouth: How the medium shapes the message. *Journal of Consumer Research, 40*(3), S.567-579.

Berlo, D. K., Lemert, J. B., & Mertz, R. J. (1969). Dimensions for evaluating the acceptability of message sources. *Public Opinion Quarterly, 33*(4), S.563-576.

Bone, P. F. (1995). Word-of-mouth effects on short-term and long-term product judgments. *Journal of Business Research, 32*(3), S.213-223.

Brown, J., Broderick, A. J., & Lee, N. (2007). Word of mouth communication within online communities: Conceptualizing the online social network. *Journal of Interactive Marketing, 21*(3), S.2-20.

Brown, J. J., & Reingen, P. H. (1987). Social ties and word-of-mouth referral behavior. *Journal of Consumer Research, 14*(3), S.350-362.

Brown, T. J., Barry, T. E., Dacin, P. A., & Gunst, R. F. (2005). Spreading the word: Investigating antecedents of consumers' positive word-of-mouth intentions and behaviors in a retailing context. *Journal of the Academy of Marketing Science, 33*(2), S. 123-138.

Burgoon, J. K., Chen, F., & Twitchell, D. P. (2010). Deception and its detection under synchronous and asynchronous computer-mediated communication. *Group Decision and Negotiation, 19*(4), S.345-366.

Burton, J., & Khammash, M. (2010). Why do people read reviews posted on consumer-opinion portals? *Journal of Marketing Management, 26*(3-4), S. 230-255.

Chao, P. (1989). The impact of country affiliation on the credibility of product attribute claims. *Journal of Advertising Research*, *29*(1), S.35-41.

Chen, C. C., & Tseng, Y.-D. (2011). Quality evaluation of product reviews using an information quality framework. *Decision Support Systems, 50*(4), S.755-768.

Chen, P.-Y., Wu, S.-Y., & Yoon, J. (2004). *The impact of online recommendations and consumer feedback on sales.* Verfügbar unter http://aisel.aisnet.org/icis2004/58, abgerufen am: 01.05.2014.

Cheung, C. M.-Y., Sia, C.-L., & Kuan, K. K. (2012). Is This Review Believable? A Study of Factors Affecting the Credibility of Online Consumer Reviews from an ELM Perspective. *Journal of the Association for Information Systems, 13*(8), S.619-635.

Cheung, C. M., & Lee, M. K. (2012). What drives consumers to spread electronic word of mouth in online consumer-opinion platforms. *Decision Support Systems, 53*(1), S. 218-225.

Cheung, C. M., Lee, M. K., & Rabjohn, N. (2008). The impact of electronic word-of-mouth: The adoption of online opinions in online customer communities. *Internet Research, 18*(3), S.229-247.

Cheung, C. M., & Thadani, D. R. (2010). *The effectiveness of electronic word-of-mouth communication: A literature analysis*. Verfügbar unter http://aisel.aisnet.org/bled2010/18, abgerufen am: 15.04.2014.

Cheung, C. M., & Thadani, D. R. (2012). The impact of electronic word-of-mouth communication: A literature analysis and integrative model. *Decision Support Systems, 54*(1), S.461-470.

Cheung, M. Y., Luo, C., Sia, C. L., & Chen, H. (2007). How do people evaluate electronic word-of-mouth? Informational and normative based determinants of perceived credibility of online consumer recommendations in China. Verfügbar unter http://www.pacis-net.org/file/2007/1190.pdf, abgerufen am 19.03.2014.

Cheung, M. Y., Luo, C., Sia, C. L., & Chen, H. (2009). Credibility of electronic word-of-mouth: Informational and normative determinants of online consumer recommendations. *International Journal of Electronic Commerce, 13*(4), S.9-38.

Chevalier, J. A., & Mayzlin, D. (2006). The effect of word of mouth on sales: Online book reviews. *Journal of Marketing Research, 43*(3), S.345-354.

Chiou, J. S., & Cheng, C. (2003). Should a company have message boards on its web sites? *Journal of Interactive Marketing, 17*(3), S.50-61.

Chu, S.-C., & Kamal, S. (2008). The effect of perceived blogger credibility and argument quality on message elaboration and brand attitudes: An exploratory study. *Journal of Interactive Advertising, 8*(2), S.26-37.

Chu, S.-C., & Kim, Y. (2011). Determinants of consumer engagement in electronic word-of-mouth (eWOM) in social networking sites. *International Journal of Advertising, 30*(1), S.47-75.

Clemons, E. K., Gao, G. G., & Hitt, L. M. (2006). When online reviews meet hyperdifferentiation: A study of the craft beer industry. *Journal of Management Information Systems, 23*(2), S.149-171.

Colquitt, J. A., Scott, B. A., & LePine, J. A. (2007). Trust, trustworthiness, and trust propensity: a meta-analytic test of their unique relationships with risk taking and job performance. *Journal of Applied Psychology, 92*(4), S.909-927.

De Bruyn, A., & Lilien, G. L. (2008). A multi-stage model of word-of-mouth influence through viral marketing. *International Journal of Research in Marketing, 25*(3), S.151-163.

De Maeyer, P., & Estelami, H. (2011). Consumer perceptions of third party product quality ratings. *Journal of Business Research, 64*(10), S.1067-1073.

Dellarocas, C. (2003). The digitization of word of mouth: Promise and challenges of online feedback mechanisms. *Management Science, 49*(10), S.1407-1424.

Dellarocas, C. (2006). Strategic manipulation of internet opinion forums: Implications for consumers and firms. *Management Science, 52*(10), S.1577-1593.

Dellarocas, C., Awad, N., & Zhang, M. (2005). Using online ratings as a proxy of word-of-mouth in motion picture revenue forecasting. Working Paper, University of Maryland.

Deutsch, M. (1958). Trust and suspicion. *Journal of Conflict Resolution, 2*(4), S.265-279.

Doh, S.-J., & Hwang, J.-S. (2009). How consumers evaluate eWOM (electronic word-of-mouth) messages. *CyberPsychology & Behavior, 12*(2), S.193-197.

Duan, W., Gu, B., & Whinston, A. B. (2008). Do online reviews matter? - An empirical investigation of panel data. *Decision Support Systems, 45*(4), S.1007-1016.

Duhan, D. F., Johnson, S. D., Wilcox, J. B., & Harrell, G. D. (1997). Influences on consumer use of word-of-mouth recommendation sources. *Journal of the Academy of Marketing Science, 25*(4), S.283-295.

East, R., Hammond, K., & Lomax, W. (2008). Measuring the impact of positive and negative word of mouth on brand purchase probability. *International Journal of Research in Marketing, 25*(3), S.215-224.

Eisend, M. (2003). Glaubwürdigkeit in der Marketingkommunikation. Berlin: Deutscher Universitätsverlag.

Eisend, M. (2006). Source credibility dimensions in marketing communication–A generalized solution. *Journal of Empirical Generalizations in Marketing, 10*(2), S.1-33.

Ennew, C. T., Banerjee, A. K., & Li, D. (2000). Managing word of mouth communication: empirical evidence from India. *International Journal of Bank Marketing, 18*(2), S.75-83.

Fan, Y.-W., & Miao, Y.-F. (2012). Effect of Electronic Word-of-Mouth on Consumer Purchase Intention: The Perspective of Gender Differences. *International Journal of Electronic Business Management, 10*(3), S.210-213.

Fan, Y.-W., Miao, Y.-F., Fang, Y.-H., & Lin, R.-Y. (2013). Establishing the Adoption of Electronic Word-of-Mouth through Consumers' Perceived Credibility. *International Business Research, 6*(3), S.123-127.

Ferguson, R. (2008). Word of mouth and viral marketing: taking the temperature of the hottest trends in marketing. *Journal of Consumer Marketing, 25*(3), S. 179-182.

Flanagin, A. J., & Metzger, M. J. (2013). Trusting expert-versus user-generated ratings online: The role of information volume, valence, and consumer characteristics. *Computers in Human Behavior, 29*(4), S.1626-1634.

Fogg, B., Marshall, J., Kameda, T., Solomon, J., Rangnekar, A., Boyd, J., & Brown, B. (2001). Web credibility research: a method for online experiments and early study results. *Human factors in Computing Systems, 23*(1), S.295-296.

Fogg, B., Marshall, J., Laraki, O., Osipovich, A., Varma, C., Fang, N., Swani, P. (2001). What makes Web sites credible?: a report on a large quantitative study. *Human Factors in Computing Systems, 23*(1), S.295-296.

Fogg, B., Soohoo, C., Danielson, D. R., Marable, L., Stanford, J., & Tauber, E. R. (2003). How do users evaluate the credibility of Web sites?: a study with over 2,500 participants. In Proceedings of the 2003 conference on Designing for user experiences.

Forman, C., Ghose, A., & Wiesenfeld, B. (2008). Examining the relationship between reviews and sales: The role of reviewer identity disclosure in electronic markets. *Information Systems Research, 19*(3), S.291-313.

Ganesan, S. (1994). Determinants of long-term orientation in buyer-seller relationships. *The Journal of Marketing*, *58*(2), S.1-19.

Ghose, A., & Ipeirotis, P. G. (2011). Estimating the helpfulness and economic impact of product reviews: Mining text and reviewer characteristics. *Knowledge and Data Engineering, IEEE Transactions on, 23*(10), S.1498-1512.

Goldsmith, R. E., & Horowitz, D. (2006). Measuring motivations for online opinion seeking. *Journal of Interactive Advertising, 6*(2), S.2-14.

Goyette, I., Ricard, L., Bergeron, J., & Marticotte, F. (2010). e-WOM Scale: word-of-mouth measurement scale for e-services context. *Canadian Journal of Administrative Sciences/Revue Canadienne des Sciences de l'Administration, 27*(1), S.5-23.

Granovetter, M. (1973). The strength of weak ties. *American Journal of Sociology, 78*(6), S.1360-1380.

Gruen, T. W., Osmonbekov, T., & Czaplewski, A. J. (2006). eWOM: The impact of customer-to-customer online know-how exchange on customer value and loyalty. *Journal of Business Research, 59*(4), S.449-456.

Gupta, P., & Harris, J. (2010). How e-WOM recommendations influence product consideration and quality of choice: a motivation to process information perspective. *Journal of Business Research, 63*(9), S.1041-1049.

Hallahan, K. (1999). Content class as a contextual cue in the cognitive processing of publicity versus advertising. *Journal of Public Relations Research, 11*(4), S.293-320.

Harmon, A. (2004). *Amazon glitch unmasks war of reviewers.* Verfügbar unter http://www.nytimes.com/2004/02/14/us/amazon-glitch-unmasks-war-of-reviewers.html, abgerufen am: 16.6.2014.

Hennig-Thurau, T., Eifler, D.-Ö. V., & Bornemann, D.-Ö. D. (2002). Vertrauen in Kundenartikulationen auf virtuellen Meinungsplattformen. In Bruhn, M., Stauss, B. (Hrsg.), *Electronic Services*. Berlin: Springer. S. 461-487.

Hennig-Thurau, T., & Hansen, U. (2001). Kundenartikulationen im Internet. *Betriebswirtschaft Stuttgart, 61*(5), S.560-580.

Hennig-Thurau, T., Walsh, G., & Walsh, G. (2003). Electronic word-of-mouth: motives for and consequences of reading customer articulations on the internet. *International Journal of Electronic Commerce, 8*(2), S.51-74.

Hennig-Thurau, T., Gwinner, K. P., Walsh, G., & Gremler, D. D. (2004). Electronic word-of-mouth via consumer-opinion platforms: What motivates consumers to articulate themselves on the Internet? *Journal of Interactive Marketing, 18*(1), S.38-52.

Hong, S., & Park, H. S. (2012). Computer-mediated persuasion in online reviews: Statistical versus narrative evidence. *Computers in Human Behavior, 28*(3), S.906-919.

Hong, T. (2006). The influence of structural and message features on web site credibility. *Journal of the American Society for Information Science and Technology, 57*(1), S.114-127.

Hovland, C. I. (1948). Social communication. *Proceedings of the American Philosophical Society*, *92*(5), S.371-375.

Hovland, C. I., Janis, I. L., & Kelley, H. H. (1953). Communication and persuasion. Psychological studies of opinion change. *American Sociological Review, 19*(3), S.355-357.

Huang, J. H., & Chen, Y. F. (2006). Herding in online product choice. *Psychology & Marketing, 23*(5), S.413-428.

Hung, K. H., & Li, S. Y. (2007). The influence of eWOM on virtual consumer communities: Social capital, consumer learning, and behavioral outcomes. *Journal of Advertising Research, 47*(4), S.485-491.

Jiménez, F. R., & Mendoza, N. A. (2013). Too Popular to Ignore: The Influence of Online Reviews on Purchase Intentions of Search and Experience Products. *Journal of Interactive Marketing, 27*(3), S.226-235.

Jøsang, A., Ismail, R., & Boyd, C. (2007). A survey of trust and reputation systems for online service provision. *Decision Support Systems, 43*(2), S.618-644.

Kiecker, P., & Cowles, D. (2002). Interpersonal communication and personal influence on the Internet: A framework for examining online word-of-mouth. *Journal of Euromarketing, 11*(2), S.71-88.

Kietzmann, J., & Canhoto, A. (2013). Bittersweet! Understanding and Managing Electronic Word of Mouth. *Journal of Public Affairs, 13*(2), S.146-159.

Kilian, T., & Langner, S. (2010). Social-Media-Kommunikation: Web 2.0-Dienste aktiv nutzen. In Kilian, T., & Langner, S. (Hrsg.), *Online-Kommunikation*. Wiesbaden: Gabler.S.133-147.

Kiousis, S. (2001). Public trust or mistrust? Perceptions of media credibility in the information age. *Mass Communication & Society, 4*(4), S.381-403.

Köhnken, G. (1990). Glaubwürdigkeit: Untersuchungen zu einem psychologischen Konstruk*t.* München: Psychologie Verlags Union.

Köhnken, G. (2003). Glaubwürdigkeit. In Lempp, R., Schütze, G., Köhnken G. (Hrsg), *Forensische Psychatrie und Psychologie des Kindes- und Jugendalters* . Heidelberg: Steinkopff Verlag. S.341-367.

Kohring, M. (2004). *Vertrauen in Journalismus: Theorie und Empirie*. Konstanz: UVK Verlagsgesellschaft.

Küster-Rohde, F. (2010). Die Wirkung von Glaubwürdigkeit in der Marketingkommunikation: *eine Analyse der kurz-und langfristigen Effekte*. Berlin: Gabler Verlag.

Lasswell, H. D. (1948). The structure and function of communication in society. In Bryson, L. (Hrsg.), *The communication of ideas*. New York: Institute for Religious and Social Studies. S.32-51.

Lee, J., & Lee, J.-N. (2009). Understanding the product information inference process in electronic word-of-mouth: An objectivity–subjectivity dichotomy perspective. *Information & Management, 46*(5), S.302-311.

Lee, K.-T., & Koo, D.-M. (2012). Effects of attribute and valence of e-WOM on message adoption: Moderating roles of subjective knowledge and regulatory focus. *Computers in Human Behavior, 28*(5), S.1974-1984.

Lee, M., & Youn, S. (2009). Electronic word of mouth (eWOM) How eWOM platforms influence consumer product judgement. *International Journal of Advertising, 28*(3), S.473-499.

Lee, Y., & Kozar, K. A. (2012). Understanding of website usability: Specifying and measuring constructs and their relationships. *Decision Support Systems, 52*(2), S.450-463.

Lis, B. (2013). In eWOM We Trust. *Wirtschaftsinformatik, 55*(3), S.121-134.

Lis, B., & Horst, M. (2013). Electronic Word-of-Mouth impacts: a spotlight on customer interaction. *Journal of Media Business Studies, 10*(4), S.41-62.

Lis, B., & Korchmar, S. (2012). *Digitales Empfehlungsmarketing: Konzeption, Theorien und Determinanten zur Glaubwürdigkeit des Electronic Word-of-Mouth (EWOM)*. Berlin: Springer.

Lis, B., & Korchmar, S. (2013). Die digitale Mundpropaganda (Electronic Word-of-Mouth). In Lis, B., Korchmar, S. (Hrsg), *Digitales Empfehlungsmarketing*. Berlin: Springer. S.11-20.

Litvin, S. W., Goldsmith, R. E., & Pan, B. (2008). Electronic word-of-mouth in hospitality and tourism management. *Tourism management, 29*(3), S.458-468.

Liu, L., & Munro, M. (2012). Systematic analysis of centralized online reputation systems. *Decision Support Systems, 52*(2), S.438-449.

Liu, Y. (2006). Word of mouth for movies: Its dynamics and impact on box office revenue. *Journal of Marketing*, S.74-89.

Loewenfeld, F. v. (2006). Brand Communities: Erfolgsfaktoren und ökonomische Relevanz von Markengemeinschaften. Wiesbaden: Deutscher Universitäts-Verlag.

Lorenz, B. (2009). Beziehungen zwischen Konsumenten und Marken. Berlin: Springer.

Madu, C. N., & Madu, A. A. (2002). Dimensions of e-quality. *International Journal of Quality & Reliability Management, 19*(3), S.246-258.

Martin, W. C., & Lueg, J. E. (2013). Modeling word-of-mouth usage. *Journal of Business Research, 66*(7), S.801-808.

Mayzlin, D., Dover, Y., & Chevalier, J. A. (2012). Promotional reviews: An empirical investigation of online review manipulation. *American Economic Review, 104*(8), S.2421-2455.

McKnight, D. H., Cummings, L. L., & Chervany, N. L. (1998). Initial trust formation in new organizational relationships. *Academy of Management Review, 23*(3), S.473-490.

McKnight, H., & Kacmar, C. (2006). Factors of information credibility for an internet advice site. In Sprague, R. H. (Hrsg.): Proceedings of the 39th Annual Hawaii International Conference on System Sciences.

Metzger, M. J., Flanagin, A. J., & Medders, R. B. (2010). Social and heuristic approaches to credibility evaluation online. *Journal of Communication, 60*(3), S.413-439.

Meuter, M. L., McCabe, D. B., & Curran, J. M. (2013). Electronic Word-of-Mouth Versus Interpersonal Word-of-Mouth: Are All Forms of Word-of-Mouth Equally Influential? *Services Marketing Quarterly, 34*(3), S.240-256.

Money, R. B., Gilly, M. C., & Graham, J. L. (1998). Explorations of national culture and word-of-mouth referral behavior in the purchase of industrial services in the United States and Japan. *The Journal of Marketing*, *62* (4), S.76-87.

Morris, S. (2012). TripAdvisor under fire for 'real traveller' contribution claim. Verfügbar unter http://www.theguardian.com/media/2012/feb/01/ tripadvisor-criticise-honest-contribution-claim, abgerufen am: 07.06.2014.

Munzel, A. (2013). Interactions Within Online Review Sites: Motives, Effects, and Management. München: Fördergesellschaft Marketing.

Nawratil, U. (1999). Glaubwürdigkeit als Faktor im Prozess medialer Kommunikation. In Rössler, P., Wirth, W. (Hrsg.), *Glaubwürdigkeit im Internet*. München: Fischer. S. 15-31.

Nawratil, U. (2006). Glaubwürdigkeit in der sozialen Kommunikation. München: Westddeutscher Verlag.

Nekmat, E., & Gower, K. K. (2012). Effects of Disclosure and Message Valence in Online Word-of-Mouth (eWOM) Communication: Implications for Integrated Marketing Communication. *International Journal of Integrated Marketing Communications, 4*(1), S.85-89.

Nielsen (2013). *Skepsis gegenüber Werbung in Deutschland nimmt ab.* Verfügbar unter http://nielsen.com/de/de/insights/presseseite/ 2013/skepsis-gegenueber-werbung-nimmt-in-deutschland-ab.html , abgerufen am: 01.06.2014.

Nyilasy, G. (2006). Word of mouth: what we really know–and what we don't. In Kirby, J., Marsden, P. (Hrsg.), Connected marketing: The viral, buzz and word of mouth revolution. London: Butterworth-Heinemann. S.161-184.

Oetting, M. (2010). Ripple effect: how empowered involvement drives word of mouth. Wiesbanden: Springer.

Ohanian, R. (1990). Construction and validation of a scale to measure celebrity endorsers' perceived expertise, trustworthiness, and attractiveness. *Journal of advertising, 19*(3), S.39-52.

Ong, B. S. (2011). Online Shoppers' Perceptions and Use of Comparison-Shopping Sites: An Exploratory Study. *Journal of Promotion Management, 17*(2), S.207-227.

Otterbacher, J. (2011). Being heard in review communities: Communication tactics and review prominence. *Journal of Computer-Mediated Communication, 16*(3), S.424-444.

Park, C., & Lee, T. M. (2009). Information direction, website reputation and eWOM effect: A moderating role of product type. *Journal of Business Research, 62*(1), S.61-67.

Park, D.-H., & Kim, S. (2009). The effects of consumer knowledge on message processing of electronic word-of-mouth via online consumer reviews. *Electronic Commerce Research and Applications, 7*(4), S.399-410.

Park, D.-H., Lee, J., & Han, I. (2007). The effect of on-line consumer reviews on consumer purchasing intention: The moderating role of involvement. *International Journal of Electronic Commerce, 11*(4), S.125-148.

Petermann, F. (2012). *Psychologie des Vertrauens.* Göttingen: Hogrefe Verlag.

Pollach, I. (2006). Electronic word of mouth: a genre analysis of product reviews on consumer opinion web sites. In Sprague, R. H. (Hrsg.): Proceedings of the 39th Annual Hawaii International Conference on System Sciences.

Praxmarer, S. (2001). Effekte der Kommunikatoreigenschaften Attraktivität und Dynamik in der persuasiven Kommunikation. Aachen: Shaker Verlag.

Qiu, L., Pang, J., & Lim, K. H. (2012). Effects of conflicting aggregated rating on eWOM review credibility and diagnosticity: The moderating role of review valence. *Decision Support Systems, 54*(1), S.631-643.

Rains, S. A., & Karmikel, C. D. (2009). Health information-seeking and perceptions of website credibility: Examining Web-use orientation, message characteristics, and structural features of websites. *Computers in Human Behavior, 25*(2), S.544-553.

Reichelt, J. (2013). Informationssuche und Online Word-of-Mouth: eine empirische Analyse anhand von Diskussionsforen. Wiesbaden: Springer.

Reichelt, J., Sievert, J., & Jacob, F. (2014). How credibility affects eWOM reading: The influences of expertise, trustworthiness, and similarity on utilitarian and social functions. *Journal of Marketing Communications, 20*(1), S.1-17.

Reinmuth, M. (2009). Vertrauen und Wirtschaftssprache: Glaubwürdigkeit als Schlüssel für erfolgreiche Unternehmenskommunikation. In Moss, C. (Hrsg.), Die Sprache der Wirtschaft. Wiesbaden: VS Verlag für Sozialwissenschaften. S.127-145.

Resnick, P., Kuwabara, K., Zeckhauser, R., & Friedman, E. (2000). Reputation systems. *Communications of the ACM, 43*(12), S.45-48.

Reuters, T. (2014). Web of Science.

Ripperger, T. (2003). Ökonomik des Vertrauens: Analyse eines Organisationsprinzips. Tübingen: Mohr Siebeck.

Robins, D., & Holmes, J. (2008). Aesthetics and credibility in web site design. *Information Processing & Management, 44*(1), S.386-399.

Rosen, E. (2001). *The anatomy of Buzz: creating word-of-mouth marketing*. New York: Crown Business.

Sandes, F. S., & Urdan, A. T. (2013). Electronic Word-of-Mouth Impacts on Consumer Behavior: Exploratory and Experimental Studies. *Journal of International Consumer Marketing, 25*(3), S.181-197.

Schindler, R. M., & Bickart, B. (2005). Published word of mouth: Referable, consumer-generated information on the Internet. in: Online consumer psychology: Understanding and influencing consumer behavior in the virtual world, *4*(1), S.35-61.

Scholz, M., & Dorner, V. (2013). Das Rezept für die perfekte Rezension? *Wirtschaftsinformatik, 55*(3), S.135-146.

Schweiger, W. (2000). Media credibility—experience or image? A survey on the credibility of the World Wide Web in Germany in comparison to other media. *European Journal of Communication, 15*(1), S.37-59.

Sen, S., & Lerman, D. (2007). Why are you telling me this? An examination into negative consumer reviews on the web. *Journal of Interactive Marketing, 21*(4), S.76-94.

Senecal, S., & Nantel, J. (2004). The influence of online product recommendations on consumers' online choices. *Journal of Retailing, 80*(2), S.159-169.

Sher, P. J., & Lee, S.-H. (2009). Consumer scepticism and online reviews. *Social Behavior & Personality: An International Journal, 37*(1), S.170-175.

Shih, H.-p., Lai, K.-h., & Cheng, T. C. (2013). Informational and Relational Influences on Electronic Word of Mouth: An Empirical Study of an Online Consumer Discussion Forum. *International Journal of Electronic Commerce, 17*(4), S.137-166.

Smith, D., Menon, S., & Sivakumar, K. (2005). Online peer and editorial recommendations, trust, and choice in virtual markets. *Journal of Interactive Marketing, 19*(3), S.15-37.

Spiegel (2012). Das Internet ist nur ein Hype. Verfügbar unter http://www.spiegel.de/spiegel/unispiegel/d-88906244.html, abgerufen am: 01.05.2014.

Stäudel, T. (1987). Problemlösen, Emotionen und Kompetenz: die Überprüfung eines integrativen Konstrukts. Regensburg: S. Roderer Verlag.

Stauss, B. (1997). Global word of mouth. *Marketing Management, 6*(3), S.28-30.

Stauss, B. (2000). Using new media for customer interaction: a challenge for relationship marketing. In Stauss, B. (Hrsg.), *Relationship marketing.* Wiesbaden: Springer. S. 233-253.

Steffes, E. M., & Burgee, L. E. (2009). Social ties and online word of mouth. *Internet Research, 19*(1), S.42-59.

Stern, D. (1994). A revised communication model for advertising: Multiple dimensions of the source, the message, and the recipient. *Journal of Advertising, 23*(2), S.5-15.

Stern (2014). Als Bill Gates das Internet noch für eine Hype hielt. Verfügbar unter http://www.stern.de/digital/online/25-jahre-world-wide-web-als-bill-gates-das-internet-noch-fuer-einen-hype-hielt-2096055.html, abgerufen am: 02.04.2014.

Sun, T., Youn, S., Wu, G., & Kuntaraporn, M. (2006). Online Word-of-Mouth (or Mouse): An Exploration of Its Antecedents and Consequences. *Journal of Computer-Mediated Communication, 11*(4), S.1104-1127.

Tax, S. S., Chandrashekaran, M., & Christiansen, T. (1993). Word-of-mouth in consumer decision-making: an agenda for research. *Journal of Consumer Satisfaction, Dissatisfaction and Complaining Behavior, 6*(10), S.74-80.

Thielsch, M. T., & Jaron, R. (2012). Das Zusammenspiel von Website-Inhalten, Usability und Ästhetik. In Reiterer, H. & Deussen, O. (Hrsg.), *Mensch & Computer 2012: interaktiv informiert – allgegenwärtig und allumfassend!?* München:Oldenbourg Verlag. S.123-132.

Tong, Y., & Zhong, Y. (2009). Are We Trapped by Majority Influences in Electronic Word-of-Mouth? In Jacko, J. (Hrsg.), *Human-Computer Interaction. New Trends*. Berlin: Springer. S.520-529.

Tseng, S., & Fogg, B. (1999). Credibility and computing technology. *Communications of the ACM, 42*(5), S.39-44.

Urban, G. L., Amyx, C., & Lorenzon, A. (2009). Online trust: state of the art, new frontiers, and research potential. *Journal of Interactive Marketing, 23*(2), S.179-190.

Vila, N., & Kuster, I. (2011). Consumer feelings and behaviours towards well designed websites. *Information & Management, 48*(4), S.166-177.

Vilpponen, A., Winter, S., & Sundqvist, S. (2006). Electronic Word-of-Mouth in Online Environments: Exploring Referral Networks Structure and Adoption Behavior. *Journal of Interactive Advertising, 6*(2), S.8-77.

Walsh, G., Kilian, T., & Hass, B. H. (2011). Grundlagen des Web 2.0. In Walsh, G., Kilian, T., & Hass, B. H. (Hrsg.), *Web 2.0*. Berlin: Springer. S.3-19.

Wang, H. C., Doong, H. S., & Foxall, G. R. (2010). Consumers' intentions to remain loyal to online reputation systems. *Psychology & Marketing, 27*(9), S.887-897.

Wangenheim, F. V., & Bayon, T. (2004). The effect of word of mouth on services switching: measurement and moderating variables. *European Journal of Marketing, 38*(9/10), S.1173-1185.

Wathen, C. N., & Burkell, J. (2002). Believe it or not: Factors influencing credibility on the Web. *Journal of the American Society for Information Science and Technology, 53*(2), S.134-144.

Westbrook, R. A. (1987). Product/consumption-based affective responses and postpurchase processes. *Journal of Marketing Research*, *4*(1), S.258-270.

Wetzer, I. M., Zeelenberg, M., & Pieters, R. (2007). "Never eat in that restaurant, I did!": Exploring why people engage in negative word-of-mouth communication. *Psychology & Marketing, 24*(8), S.661-680.

Wiedmann, K., Wagner, U., Oelsnitz, D. (2011). Welche Kundenrezensionen werden gelesen? In Wiedmann, K., Wagner, U., Oelsnitz, D. (Hrsg.), Das Internet der Zukunft. Wiesbaden: Gabler. S. 329-349.

Wiener, J. L., & Mowen, J. C. (1986). Source credibility: On the independent effects of trust and expertise. *Advances in Consumer Research, 13*(1), S.306-310.

Willemsen, L. M., Neijens, P. C., & Bronner, F. (2012). The ironic effect of source identification on the perceived credibility of online product reviewers. *Journal of Computer-Mediated Communication, 18*(1), S.16-31.

Wirth, W. (1999). Glaubwürdigkeit im Internet: Fragestellungen, Modelle, empirische Befunde. München: R. Fischer Verlag.

Wiswede, G. (2012). *Einführung in die Wirtschaftspsychologie*. Stuttgart: UTB.

WOMMA. (2007). *An Introduction to WOM Marketing with Definitions.* Verfügbar unter https://ninedegreesbelowzero.files.wordpress.com/2010/10/word-of-mouth-101.pdf, abgerufen am: 15.05.2014.

Xiaofen, J., & Yiling, Z. (2009). The impacts of online word-of-mouth on consumer's buying intention on apparel: An empirical study. Verfügbar unter http://www.academypublisher.com/proc/wisa09/papers/wisa09p24.pdf, abgerufen am: 01.07.2014.

Xu, Q. (2014). Should I trust him? The effects of reviewer profile characteristics on eWOM credibility. *Computers in Human Behavior, 33*(5), S.136-144.

Yang, Y., Sun, Y. L., Kay, S., & Yang, Q. (2009). *Defending online reputation systems against collaborative unfair raters through signal modeling and trust.* In Proceedings of the 2006 conference on Applications, technologies,architectures, and protocols for computer communications.

Ye, Q., Cheng, Z. J., & Fang, B. (2013). Learning from other buyers: The effect of purchase history records in online marketplaces. *Decision Support Systems, 56*(1), S.502-512.

Yi, M. Y., Yoon, J. J., Davis, J. M., & Lee, T. (2013). Untangling the antecedents of initial trust in Web-based health information: The roles of argument quality, source expertise, and user perceptions of information quality and risk. *Decision Support Systems, 55*(1), S.284-295.

Zhang, W., & Watts, S. A. (2008). Capitalizing on Content: Information Adoption in Two Online communities. *Journal of the Association for Information Systems, 9*(2), S.234-239.